U0344300

富春山居文化丛书

系巾为殊

纸的年表

Chronology of Paper

邱云
编著

上海书画出版社

序

中国有着非常悠久与辉煌的历史，一系列重大的科技发明与文化创造，对人类文明的发展产生了标志性的贡献，如造纸术、印刷术、制瓷技术、丝绸与茶叶文化等，都是影响了全世界的成就。然而也有人提出，中国人需要理解世界的形成历史，包括古代的世界和现代的世界，这样我们才能更完整地理解古代中国和现代中国。

邱云先生是一位资深的文化学人，近年来从杭州来到中国竹纸之乡富阳，正逢中国考古发现最早的古代造纸遗址——宋代泗洲遗址规划建设以纸为中心的博物馆和遗址公园，邱云先生作为核心成员参与了这项工作。而我因为多年调研和服务富阳手工造纸行业，有幸中标富阳纸博物馆的展陈大纲编制项目，并受邀协助“2023 泗洲纸文化节”的举办，反反复复的多轮交流中，我们就以纸为媒深入相识了。

邱云先生对手工纸研究的执着与效率给我留下很深印象，短短两年不到的时间，他就跑遍了富阳及相邻地域几乎所有重要的造纸区和遗存地，特别是围绕宋代泗洲造纸遗址和缘起唐代的余杭油拳藤纸，又深入调查了周边的江西高安、温州泽雅等古代造纸遗址，以及如上海、浙江、江苏等多家博物馆和研究机构。当然，在田野考察期间他一定也阅读和探究了大量文献，于是在 2023 年 8 月前后，他已围绕泗洲造纸遗址形成了若干篇研究论文，并提交了一篇到在富阳举办的国际会议上共享。

2024 年 2 月下旬的一天，突然接到邱云先生电话，告知已经完成了《纸的年表》初稿，说想请我提提意见并邀请作序，并获知还有撰写《纸的释名》《纸的答问》这一个系列的计划。此事我之前一无所知，当细读洋洋洒洒数万字的《纸的年表》后，感到非常惊讶和高兴，因为这在中国造纸历史研究中基本上属于空白区而感到高兴，惊讶的是不知不觉中这么快拿出了书稿。

《纸的年表》的编年体叙事很有特点，《自序》中邱云先生开宗明义地表达了“建构纸的大历史观”的思考。因此《纸的年表》虽然也是按照时间线的梳理，但确实与此前中国一般纸史研究的范式和框架有显著差异，其多层复合、立足文明演化的逻辑使得原本被压缩成一条线的造纸技艺文化历史具有了纵横开阖的立体观照空间。这种纸的大历史观在品读书稿中能非常鲜明地感受到，也给我带来了以纸的发明发现和传播消费为纵线体会大历史的酣畅阅读。

《纸的年表》最底层刻画了世界文明演化中重大历史事件的脉络与关键节点，第二层是社会政治、宗教文化与技术变革引发对载体的新需求，第三层是世界范围内纸作为知识与文化载体从古到今的梳理，第四层是与书写文明生态系统建构紧密伴生的印刷术、书写绘画材料、系列制作工艺、支撑着造纸技术持续进步的工具等等的时序演化关联。作为辅助，世界范围与书写载体相关的重要考古发现、文献遗存也尽可能呈现在编年叙事的复合刻画中。

作为较长期研究中国手工造纸历史与当代业态的学人，对邱云先生拿出的第一期成果首先是赞赏，其次也颇有感怀。因为他虽然是有积累、有阅历的文化人，但直接专注于造纸历史与文化的研究时间并不长。因此感叹其高度执着的工作态度、认真辨析的探索精神和立足文明史打开眼界后形成的研究范式，这些应该是他能够在这个本身自足和封闭性颇强的小领域产出很具新意成果的关键。

虽然感怀之处颇多，新的知识也学习了不少，但细细梳理，最值得说的还是邱云先生锲而不舍坚持了从泗洲造纸遗址起心动念的那份念想。期望不久后能拜读到《纸的释名》《纸的答问》，并期待继续有机缘共同探寻和考辨泗洲造纸遗址那近千年前埋藏下的疑问。

汤书昆

中国科学技术大学手工纸研究所所长

2024 年 3 月 10 日于合肥

建构纸的大历史观

——写在《纸的年表》一书之前

中国人至迟在汉代就发明了造纸术，而且在很长一段时期持续探索和改良纸张的品质，对中华文明乃至世界文明产生了重大的影响，而到近现代中国传统造纸业停滞不前，逐步被西方造纸工业和技术所取代，正如李约瑟（Joseph Terence Montgomery Needham，1900—1995）在其编著的《中国科学技术史》中正式提出“李约瑟之问”：“尽管中国古代对人类科技发展做出了很多重要贡献，但为什么科学和工业革命没有在近代的中国发生？”

关于造纸的历史，前人的著述十分丰富，前有钱存训先生受李约瑟先生之邀撰写的《中国的科学与文明》（又称《中国科学技术史》）第五卷第一分册《纸与印刷》，后有潘吉星先生参与卢嘉锡先生总主编的中国科学院“八五”计划重点课题《中国科学技术史·造纸与印刷卷》，还有中国造纸学会的前辈们对中国造纸史的研究和论述。以及诸如卡特、亨特等国外学者的著述，都对造纸历史的研究产生了深远的影响。

萌发编撰本书的想法，缘于笔者到富阳工作后，了解到 2008 年在富阳发现了泗洲宋代造纸作坊遗址，并且富阳具有较为完备的竹纸制作技艺活态传承，前者被列入第七批全国重点文物保护单位，后者被列入第一批国家级非物质文化遗产名录，是具有典型意义的“双遗产”代表地区。两者的结合为中国造纸术的研究提供极其有价值的样本意义。然而，其中也有些许隐忧，即历史文献中对富阳早期造纸的起源、发展的记载和研究偏少，难以支撑起“文物本体与文献记载”的双重证据。因此，笔者来富阳之后，开始尝试对富阳造纸的历史展开粗浅的研究。在研究的过程中，得到了中国科学技术大学手工纸研究所汤书昆教授、复旦大学陈刚教授以及富阳手工纸非遗传承人朱中华先生等专家学者的指导和启发，受益匪浅。正是他们的鼓励和指导，推动着我逐步深入到纸史研究中去，渐渐以一种大历史观的角度探究中国造纸术的起源、发展和现状。

关于“纸的年表”这一主题的确定是源于对中国造纸史研究的深入，发现国外的研究比较成熟，如在 1947 年出版的美国学者达德·亨特所著《古代造纸工艺史》一书中附有“纸的年表”，以及 1980 年出版的日本学者前川新一所著《和纸文化史年表》一书，而目前笔者仅见的中国版“纸的年表”是陈大川先生在《中国造纸术盛衰史》一书作的“中国造纸史及其背景年表”。另外，笔者仍有撰写《纸的释名》《纸的答问》的意向，力求厘清历史上因传抄文献等原因产生的关于“纸”的一些理解误区，与《纸的年表》一起，以今人的视角，以期对中国造纸术认知体系的建构有所裨益。

在本书编撰过程中，笔者对所设内容的选取标准主要受到刘青峰、金观涛两位先生发表于《大自然探索》1985 年第 1 期的《从造纸术的发明看古代重大技术发明的一般模式》一文中所持观点，即社会需求的动因与传统技术的支撑形成的技术转移。社会需求的动因可能涉及政治、经济、外交以及宗教，传统技术的支撑可能涉及周边技术和工具的借用与衍生。因此，年表资料的选取尽可能从以下几个方面入手：一是中国纺织技术的演进，包括植物纤维提纯、染织、再加工等；二是中国古代书写载体、工具、颜料，如笔、墨等；三是中国古代印刷术的演进，包括雕版印刷、活字印刷、书籍装帧等；四是中国古代官府公文制度对书写绘画载体发展的影响；五是世界范围内宗教、外交、战争和民间交流对造纸术传播的影响；六是世界文明史中古代书写材料的对比；七是涉及古今书写载体的重大考古发现；八是有关纸的历史文献。

受本人学养和资源之限，书中部分观点难免挂一漏万，偏颇之处还有待未来进一步考古发掘成果和大方之家指出以修正补充。

凡　例

一、本年表以与纸相关的古今文献和出土材料为主线，兼及世界范围内与纸有关的多种历史材料，包括纺织技术、书写材料、印刷术、文化交流等。

二、本年表上起新石器时代人类利用植物纤维，下至2014年“和纸·日本手漉和纸技术”被列入人类非物质文化遗产名录止。

三、本年表自新石器时代结束后，在公元纪年后附以天干地支、朝代年号纪年；秦统一以后，分裂时期并列主要政权的年号纪年。并在中国历史纪年的基础上，酌情标注别国历史纪年，以供参考。具体纪年分为以下三种：其一，鸦片战争前系至年，涉及系月系日者，皆从农历；其二，鸦片战争后依公历系年、月、日；其三，难以考定年、月、日者，系于有关日期下。公历年、月、日用阿拉伯数字表示，旧历年、月、日用中文数字表示。

四、对编年纪事做如下处理：其一，夏商周之前的远古文化，考古发现与文献资料分别统系。其二，对年、月跨度较大的事件，一般系于起始之年或终结之年，或对前后相关情况做出简要说明；重要者分别系入相关年月。其三，凡无明确系年的事件均置于相应时间段内，事件前加“约”字表示推测时间。无法推测时间范围或时间跨度过大的事件，统一置于相应朝代的时间线末尾处，以“附”的形式与具体纪年同级排列。如果事件的主体人物有卒年的，一般系于其卒年。

五、如事件存在歧异时，凡能考定从一时，其他从略；如不能考定从一时，以通说或作者倾向系年，其他酌情按注。

六、人名后以括号加注生卒年，如征引文献作者与事件年代不一致时，作者人名前加注朝代；生年或卒年不明确者，则前加“约”字表示大致时间；无法考定生卒年其中一项时，该项标注为问号；外国人名以括号加注外文名和生卒年。

七、古今地名凡同地异名或同名异地时酌情标注今地名。

八、所涉事件凡有征引出处者皆附注参考文献。

新石器时代早期

约公元前 7000 至前 5500 年

新石器时代的人利用刚刚培育成功的亚麻、棉花和大麻等植物纤维，在逐渐得到发展的锭子和织机上进行纺织。[1]

1961 年，在河南省舞阳县北舞渡镇贾湖村发现贾湖遗址。

贾湖遗址共出土 40 多支骨笛，是迄今为止我国发现的时代最早、保存最完整的乐器。贾湖遗址出土的一些陶器碎片附着物上提取到酒类的残留物——酒石酸，经过分析，成分是大米、山楂和蜂蜜，是我国迄今为止发现的最早的与酒有关的食物[2]，表明当时中国古代先民已初步掌握发酵工艺。

在贾湖裴李岗文化遗址中，发现一批刻在龟甲、骨器、石器和陶器上的契刻符号。[3]

李泽厚指出："从起源说，汉文字的'存在理由'并不是表现语言，而是承续着结绳大事大结、小事小结，有各种花样不同的结来表现各种不同事件的传统，以各种横竖弯曲的刻画以及各种图画符号（象形）等视觉形象而非记音（拼音）来记忆事实、规范生活、保存经验、进行交流。它不是'帮助个人记忆而使用的一些单个的标记'，而是集体（氏族、部落的上层巫师们）使用进行统治的整套系统的符号工具。"[4]

[1] 【美】斯塔夫里阿诺斯（L. S. Stavrianos）著，吴象婴、梁赤民、董书慧、王昶译《全球通史：从史前史到 21 世纪》（第七版修订版·上册），北京大学出版社，2007 年，第 36 页。

[2]《考古公开课》栏目组编《百年考古大发现》，浙江文艺出版社，2024 年，第 58 至 65 页。

[3] 河南省文物研究所《河南舞阳贾湖新石器时代遗址第二至六次发掘简报》，《文物》1989 年第 1 期，第 15 页。

[4] 李泽厚《由巫及礼 释礼归仁》，生活·读书·新知三联书店，2015 年，第 160 至 161 页。

约公元前 6500 至前 6000 年

1961 至 1964 年间，英国考古学家詹姆斯·梅拉特（James Mellaart）在土耳其安那托利亚（Anatolia）首次发掘恰塔勒胡尤克（Satalhuyuk）遗址。它是一处规模庞大的新石器时代聚居地，是史前狩猎采集者的洞穴住宅与早期城市建设之间的纽带。遗址出土大量新石器时期的遗物，包括骨制品、切割工具、箭头和由黑曜石制成的迄今为止发现的最古老的“玻璃镜子”，以及世界上最古老的纺织品。孙慰祖提出，该遗址“发掘的小陶器，时代在公元前 6500 年至公元前 6000 年，被认为是一种印模”[1]。

[1] 孙慰祖《中国印章——历史与艺术》，外文出版社，2010 年，第 4 页。

约公元前 6000 至前 5000 年

1972 年，在河北省邯郸市武安市西南磁山镇发现磁山遗址。

磁山遗址被确立为“世界粟的发祥地”。组合物是磁山文化特有的遗迹现象，一般由集中摆放的磨盘、磨棒、盂、支架、小口壶、三足钵、深腹罐、石斧、石铲等组成。[2]1976 年磁山遗址发现的“石磨棒、四足石磨盘”，应该是石碾、石磨的最早雏形。现藏中国磁山文化遗址博物馆。

[2] 中国考古学会、中国文物报社《中国百年百大考古发现》，文物出版社，2023 年，第 21 至 23 页。

1977 至 1979 年间，在河南省新郑市裴李岗村发现裴李岗遗址。

裴李岗遗址陆续出土大量的石磨盘、石磨棒，表明当时中国古代先民已成熟掌握碾磨工艺。裴李岗文化石固遗址出土的陶纺轮，现藏许昌市博物馆。纺坠是我国史前最早使用的纺纱工具，纺轮是纺坠的主要部分[3]，证明当时中国古代先民已初步掌握收集、处理植物和动物纤维的方法。

[3] 赵承泽《中国科学技术史·纺织卷》，科学出版社，2003 年，第 160 至 161 页。

新石器时代中期

约公元前5800至前5300年

美索不达米亚北部的哈苏纳（Hassuna）遗址，该遗址出土器物的显著特征是有刻纹陶和彩陶。器形多为矮颈球体罐和钵，彩绘为红色或黑色，纹样简单，仅见人字纹和三角纹。遗址出土了被称为“模印”或“压捺印”的器具，上面有斜方格纹。[1]

[1] 孙慰祖《中国印章——历史与艺术》，外文出版社，2010年，第4页。

约公元前5000至前3200年

1973年，在浙江省余姚市河姆渡村发现河姆渡文化，1976年命名，主要分布于宁绍平原。

河姆渡遗址出土了陶纺轮、木纬刀、木织轴、骨锥、骨管状针织网等与纺织有关的工具，出土了苘麻的双股麻线。河姆渡遗址中，也发现了少数在白色陶衣上绘有黑褐色的彩绘陶片。[2]

河姆渡遗址第三文化层中出土了一件木质碗，其表面有一薄层朱红色涂料，现藏浙江省博物馆。经鉴定，此涂料是生漆，是迄今所知世界上最早的涂漆制品之一，表明当时的人类已经掌握颜料制作及涂布工具的加工技术。[3]

河姆渡遗址还出土了一件带捆绑藤条的骨耜。现藏浙江省博物馆。该物表明当时中国古代先民已经有意识地利用藤类植物。

[2] 浙江省文物管理委员会、浙江省博物馆《河姆渡遗址第一期发掘报告》，《考古学报》1978年第1期，第64页。

[3]《中国美术全集·工艺美术编·漆器》，上海人民美术出版社，1993年，第2页。

约公元前 5000 至前 3000 年

1921 年，瑞典地质学家、考古学家安特生（Johan Gunnar Andersson，1874—1960）和中国地质学家袁复礼（1893—1987）等在河南省渑池县仰韶村首次发现仰韶文化，并进行第一次考古发掘，标志着中国现代考古学的诞生。

仰韶文化遗址出土大量彩陶，这些彩陶多为红陶，陶器表面或口沿处绘有黑色或暗色的花纹图案，仰韶文化彩陶图案经历了从具象到抽象的过程，[1] 表明当时中国古代先民已娴熟掌握颜料制作及绘制工具的加工技术，并体现出极强的艺术表现力。

仰韶时期的先民已经掌握纺织技术，已知用纺轮捻线，用简单织法织麻布，用骨针缝制衣服，用竹苇织席子。[2]

2013 至 2020 年间，在河南省巩义市河洛镇双槐树遗址出土一件由猪獠牙制成的蚕形牙雕器，是目前发现的中国时代最早的骨质蚕雕艺术品。[3] 另外，辽宁省砂锅屯仰韶文化遗址中出土大理石制作的蚕形饰，山西省芮城西王村仰韶文化晚期遗址出土了陶蚕蛹和江苏省吴江梅堰良渚文化遗址出土了一个绘有两个蚕形纹的黑陶，表明当时中国古代先民已经关注蚕及蚕丝的利用。

[1]《考古公开课》栏目组编《百年考古大发现》，浙江文艺出版社，2024 年，第 6、12 页。

[2] 赵承泽《中国科学技术史·纺织卷》，科学出版社，2003 年，第 4 页。

[3]《考古公开课》栏目组编《百年考古大发现》，浙江文艺出版社，2024 年，第 83 页。

约公元前 4800 至前 3690 年

1953 年，在陕西省西安市灞桥区半坡村发现半坡遗址。半坡遗址是仰韶文化半坡类型的代表，分布于渭河流域、汉水上游、涑水河流域。属于半坡类型的重要遗址有宝鸡北首岭、临潼姜寨和邓家庄、湖北郧县大寺等。

20 世纪 50 年代，西安半坡村遗址出土 5000 年前的彩陶，上面有分散的刻画符号22种，被称为“半坡陶文”。70年代又在临潼姜寨遗址发掘出6000年前的彩陶，上面有分散的刻画符号102个，被称为“姜寨陶文”。[1]

[1] 周有光《世界文字发展史》(第3版)，上海教育出版社，2018年，第20页。

1972至1979年间，在陕西省临潼城北发现姜寨遗址。这是中国新石器时代聚落遗址中发掘面积最大的遗址之一。遗址中出土一套绘画工具，计有石砚、砚盖、磨棒、陶杯各一件及黑色颜料数块。[2]

[2]《中国大百科全书·考古学》，中国大百科全书出版社，1986年，第231页。

西安半坡、临潼姜寨遗址中发现的陶器底部有织物印痕，此后吴兴钱山漾遗址中发现的绢片，皆系平纹织物，表明平纹织物已经在新石器时代出现。[3]

[3] 陈维稷《中国纺织科学技术史》，科学出版社，1984年，第33至34页。

约公元前4300至前2500年

1959年，在山东省泰安市岱岳区大汶口镇和宁阳县堡头村首先发现大汶口文化。分布于山东、苏北、皖北、豫东和辽东半岛一带，以山东泰安大汶口遗址最为典型。

同属于大汶口文化时期的山东省莒县陵阳河遗址中出土的一灰陶尊上，刻有反映日出于五峰山顶的图案，邵望平认为应是“旦”的刻画符号，很可能是用于祭祀太阳的礼器。[4]

[4] 邵望平《远古文明的火花——陶尊上的文字》，《文物》1978年第9期，第75至76页。

约公元前4000至前3500年

埃及阿穆拉特时期

古埃及人使用纸莎草茎秆制造船只，编织衣物和茅草屋顶。2003年，沙漠探险家卡洛·贝格曼（Carlo Bergmann）在乍得湖（Lake Chad）一带的岩壁上发现了纸莎草船的壁画，推测年代为胡夫时代。[5]

[5]【美】约翰·高德特著，陈阳译《法老的宝藏：莎草纸与西方文明的兴起》，社会科学文献出版社，2020年，第73、126页。

约公元前4000至前3000年

1927年，在山西省夏县西阴村遗址中出土了一个被切割过的蚕茧壳标本，残长约1.36厘米、宽约1.04厘米。主持发掘的李济请清华大学生物学教授刘崇乐进行初步研究，刘崇乐认为这是桑蚕茧，后经美国斯密森学院鉴定确定为蚕茧。[1]该标本现藏台北故宫博物院。

[1] 赵丰、尚刚、龙博《中国古代物质文化史·纺织（上）》，开明出版社，2014年，第30页。

约公元前3900年

1950年，首次发现阎村遗址。该遗址属于仰韶文化庙底沟类型遗址。1978年，在河南省汝州市临汝镇阎村遗址出土了一批陶器，其中有一件夹砂红陶缸，腹部一侧绘有一幅高37厘米、宽44厘米的彩陶画《鹳鱼石斧图》。在淡橙色的陶缸外壁上，用深浅不同的棕色和白色，绘有一只鹳鸟口衔一条鱼，其旁立着一件带柄石斧。这是新石器时代画面最大、内容最丰富、技法最精湛的彩陶画。[2]现藏中国国家博物馆，在国家文物局首批禁止出国（境）展览的64件（组）重要文物中名列第一。

[2] 临汝县文化馆《临汝阎村新石器时代遗址调查》，《中原文物》1981年第1期，第3页。

约公元前3900至前3300年

1992年，在江苏省吴县发现草鞋山遗址。在遗址的马家浜文化层中发现3块炭化的原始绞纱葛织物。据鉴定，这3块纺织品残片的纤维是野生葛，用纬起花的罗纹织法织成。花纹为山形斜纹和菱形斜纹，组织结构为绞纱罗纹，嵌入绕环斜纹，还有罗纹边组织。这件葛布残片是迄今为止发现最早的葛纤维织品，现藏南京博物院。[3]

[3] 赵丰、尚刚、龙博《中国古代物质文化史·纺织（上）》，开明出版社，2014年，第38页。

约公元前 3790 至前 3070 年

1964 年，首次在河南省郑州市东北郊柳林镇大河村发现仰韶文化遗址，1972 至 1987 年间进行了 21 次考古发掘，遗址中出土了大麻种籽。甘肃省东乡族自治县林家镇马家窑文化（甘肃仰韶文化，约公元前 3300 至前 2000 年）遗址 F20 号房内出土陶罐里发现的大麻种籽，证明当时可能已经人工种植大麻。[1]

大河村遗址出土的陶器中出现了白衣彩陶。

[1] 参见郑州市博物馆《郑州大河村遗址发掘报告》，《考古学报》1979 第 3 期；西北师范学院植物研究所、甘肃省博物馆《甘肃东乡林家马家窑文化遗址出土的稷与大麻》，《考古》1984 年第 7 期，第 654 至 655、663 页。

新石器时代晚期

约公元前 3650 年

1923 年，在河南省荥阳市广武镇青台村首次发现青台遗址。后经多次考古发掘，发现一些丝、麻纺织品，除平纹织物外，还有组织十分稀疏的浅绛色罗织物，这是迄今黄河流域发现最早的丝织品。据张松林和高汉玉的观察，在 W164 和 W486 两个瓮棺内发现的丝织物残片，从丝纤维来看，其单茧丝面积为 36—38 平方微米，截面呈三角形，丝线无捻度，是典型的桑蚕丝；从织物结构来看，青台村织物有平纹织制的纱和以二根经丝成组的绞纱织物，高汉玉等人称之为罗。而且出土的罗还带有浅绛色，学者认为它是先经练染再染色的，所用的染料可能是赭铁矿一类。大麻布遗存也首见于青台遗址，该遗址内发现有大量用作幼儿瓮棺的陶器，其中一些瓮棺内壁上黏附有麻布，已呈炭化状态，剥落的小块麻布残片上布满泥土，合股的麻绳已残断。经过对纱面表面的观察，并将残断纱线松解，呈纤维状浸泡于酒精液中，发现这些纤维符合大麻束纤维的各种特征，从而可以被判定为大麻。[1]

《礼记·礼运》："治其麻丝，以为布帛，以养生送死。以事鬼神上帝，皆从其朔。"[2]

[1] 朱新予《中国丝绸史》，纺织出版社，1992 年，第 4 页；高汉玉、张松林《荥阳青台遗址出土丝麻织品观察与研究》，《中原文物》1999 年第 3 期，第 14 页。

[2] 孙希旦《礼记集解》，中华书局，1989 年，第 588 页。

约公元前 3500 至前 3200 年 伏羲氏（包牺、庖牺、伏戏、牺皇、羲皇，一说即太昊）

文字萌芽于 1 万年前"农业化"（畜牧和耕种）开始之后，世界许多地方遗留下来新石器时代的刻符和岩画。文字成熟于 5500 年前农业和手工业的初步上升时期，最早的文化摇篮（两河流域和埃及）这时候有了能够按照语词次序书写语言的文字。[3]

《周易·系辞下》："古者庖牺氏之王天下也……作结绳而为网罟……上古结绳而治，后世圣人易之以书契。"[4] 古代社会中对书写材料的需求结构主要由记录文字需求、绘画制图（艺术的、实用的）需求和其他（如宗教、商业、占卜、礼葬）相关的特殊需求组成。[5]

郭静云认为，中国长江流域、江北等地的文字系统，从新石器时代晚期以来，并没有中断，而是依循着其文明继续发展。但可惜的是，这些南方文明并没有在石头上或者其他较容易保存的材料上刻字、书写，以兹记录。虽然早期文字已出现在陶器上，但后来字数增多，可能并不方便将所有相关的文字都写在陶器上，于是，铜石器并用的时代，这些南方文明就开始在竹木上写字。[6]

[3] 周有光《世界文字发展史》（第 3 版），上海教育出版社，2018 年，第 1 页。

[4] 李鼎祚《周易集解》，中华书局，2016 年，第 450 至 458 页。

[5] 刘青峰、金观涛《从造纸术的发明看古代重大技术发明的一般模式》，《大自然探索》1985 年第 1 期，第 163 页。

[6] 郭静云《夏商周：从神话到史实》，上海古籍出版社，2013 年，第 323 页。

苏美尔乌鲁克文化时期

苏美尔各城邦形成，开始使用图形符号，逐步形成文字。苏美尔人就发明楔形文字，并用它来记录自己的民族语言苏美尔语（苏美尔人把自己的语言叫作 eme — gi7“土著语”）。[1]

在两河流域南部的苏美尔人用木笔和芦苇笔在湿泥版上刻画出图画符号，创造出世界上最早的文字。这种文字因为其笔画呈尖角形状，因而被称为“楔形文字”。每一片书写完的泥版需经过晒干或烧制，于是这些有文字的泥版变得坚固，不能涂改，也不会腐烂，成为人类文字史中最有特色的“泥版文书”。为此，苏美尔人建立了书吏学校，教男童抄写旧泥版。[2]

在南部乌鲁克（Uruk）出现了滚筒印。乌鲁克古城遗址的神庙区内发掘出土了大量泥版文书，上面抑有印记。文书记录的内容主要是与经济相关的契约、收据、信件等，其他则是有关巫术的宗教文书。[3]

埃及前王朝

此际埃及开始使用图形文字系统。[4] 受到美索不达米亚地区的影响，埃及人开始使用圆柱形印章（滚筒印章）。英国阿什莫林博物馆收藏有一枚这个时期的圆柱形印章，这是我们见到的古代埃及最早的印章。该印章上面的图案是鱼和芦苇。[5]

[1] 拱玉书《楔形文字文明的特点》，《世界历史》2023 年第 5 期，第 7 至 13 页。

[2] 【美】威廉·麦克尼尔著，田瑞雪译《5000 年文明启示录》，湖北教育出版社，2020 年，第 37 页。

[3] 孙慰祖《中国印章——历史与艺术》，外文出版社，2010 年，第 4 至 5 页。

[4] 翦伯赞《中外历史年表（校订本）》，中华书局，2008 年，第 1 页。

[5] 周启迪、阴玺《古代埃及文明》，北京师范大学出版社，2018 年，第 62 页。

约公元前 3300 至前 2200 年

1936 年，施昕更（1911—1939）首次于浙江省杭州市余杭区良渚镇发现文化遗迹。1959 年，夏鼐（1910—1985）正式提出“良渚文化”的命名。文化遗存主要分布于太湖周围，东到东海之滨，西过南京一带。主要遗址有浙江吴兴钱山漾，上海市马桥、金山亭林、松江广富林等。良渚遗址是同时期东亚地区规模最大的都邑性遗址，被誉为中华第一城和东亚最早的国家社会。2019 年 7 月 6 日被列入《世界遗产名录》。[6]

1986 年，在良渚遗址反山 12 号墓葬，即良渚社会最高等级的国王墓葬里出土了嵌玉漆杯，该漆杯代表了当时木器、玉器、漆器

[6] 中国考古学会、中国文物报社《中国百年百大考古发现》，文物出版社，2023 年，第 55 至 60 页。

相结合的最高手工艺水平。现藏良渚博物院。

1987 年，在良渚遗址瑶山 11 号墓出土了一件玉质带杆纺轮，该纺轮为了解古代纺轮安杆方式和使用方法提供了直接的证据。现藏浙江省博物馆。

2003 年，在良渚文化中晚期的浙江余杭卞家山遗址中出土了一批完整漆器，有觚形器、盘、豆、角形器等，漆觚上的彩绘图案风格与商周时青铜器类似。

约公元前 3200 年

上埃及王国国王美尼斯征服下埃及，统一埃及，古埃及第一王朝（前 3200 —前 2930）开始。[1]

腓尼基地区乌加里特、格巴尔、西顿诸城邦形成，以工商业和航海活动驰名于世。

[1] 翦伯赞《中外历史年表（校订本）》，中华书局，2008 年，第 1 页。

约公元前 3100 年

埃及第一王朝时期

1897 至 1898 年间，英国考古学家詹姆斯 · 奎贝尔（James E. Quibell）和弗雷德里克 · 格林（Frederick W. Green）在位于希拉孔波利斯（Hierakonpolis）的荷鲁斯神庙发现了纳尔迈调色板（Narmer Palette）。调色板材质为绿灰色泥砂岩，呈盾形，以象形符号记录了纳尔迈统一上下埃及的历史事件。[2] 现藏开罗埃及博物馆。

[2] 参见 I. Shaw, Ancient Egypt, A Very Short Introduction(Oxford University Press, 2004).

埃及人开始使用纸莎草作为书写材料。莎草纸的制作，首先剥去纸莎草的外皮留下草茎，将茎心切成一条条带状物，然后沤透、加压，直到变成一条条扁平的纸带。然后分层铺好，再均匀压制，通常用淀粉黏合起来，制成一张张微带黄色的薄片。书写时，埃及书写人通常坐在地上，莎草纸铺在一个特制的架子上，用削尖的芦苇笔蘸上颜料书写。埃及人常用黑色（糨糊中掺入烟黑）和橙红色（由赭石或铅丹制成）颜料。[1]

老普林尼（Pliny the elder）等早期罗马历史学家所使用的拉丁文 papyrum 一词既表示可用于造纸的植物——纸莎草，也可表示用这种植物制成的纸张——莎草纸。在老普林尼之前，古希腊人用“papyros”一词指称“任何与造纸植物同属的植物”。有些学者认为它源于古埃及语 pa—per—aa（或写作 p'p'r），字面意思是“属于法老的”或者“法老自己的”，以此彰显王室对莎草纸生产的垄断。在此之后，语言自然而然地发生着演化，拉丁语 papyrus 演变为 papire（1150—1500 年的诺曼法语和中古英语），这一词形被英语吸收，最终形成了现代英语中的“paper”一词。[2]

1935 年，沃尔特·埃默里（Walter Emery，1902—1971）在埃及孟菲斯塞加拉大型墓地考古发掘中，在“陵墓 3035”中发现一个圆形雕花木筒里装有两卷空白的莎草纸。该陵墓主人是古埃及第一王朝担任总领大臣和王室掌玺官的赫马卡（Hemaka，约前 3100）。[3]

埃及当地开始使用埃及象形文字制作圆筒印章。出土封泥，特别是法老的印章钤在陶土上的痕迹，证明它具有在存物容器上封缄的功能。[4]

[1]【苏联】B. A. 伊林特平著，左少兴译《文字的历史》，中国国际广播出版社，2018 年，第 145 页；【美】约翰·高德特著，陈阳译《法老的宝藏：莎草纸与西方文明的兴起》，社会科学文献出版社，2020 年，第 15 页。

[2]【美】约翰·高德特著，陈阳译《法老的宝藏：莎草纸与西方文明的兴起》，社会科学文献出版社，2020 年，第 1 至 2 页。

[3]【美】约翰·高德特著，陈阳译《法老的宝藏：莎草纸与西方文明的兴起》，社会科学文献出版社，2020 年，第 17 至 19 页。

[4] 孙慰祖《中国印章——历史与艺术》，外文出版社，2010 年，第 7 页。

约公元前 3000 年

南亚印度河流域出现印度河流域文明。1922 年，经过在哈拉帕（Harappa）和摩亨佐 - 达罗（Mohenjo-daro）等地的考古发掘，发现了古印度文明遗址。古印度文明曾经拥有发达的农业、手工业、贸易和城市，已使用较为成熟的文字系统。印度河流域也是世界上最早种植棉花和用棉纺织的地区。该文明在公元前 1300 年左右逐渐没落直至消失。

遗址中出土了超过2000枚印度式印章，其形态属于平面抑印式，印的材质大多采用滑石，偶有铜质和玛瑙之类，有穿孔。印面以正方形为主，边长多在2—5厘米之间，表现的图案有牛、大象、虎等动物，也有动物和人物相结合的主题。图案上部常刻有一行文字。[1]

伊朗西南部的伊拉姆人与苏美尔人有着商贸往来，并建立了以苏萨为中心的都市国家。苏美尔人的印章文化被引入本地。在南土库曼斯坦出现的青铜印章，被认为挂在腰间起到护身符的作用，也用来钤于封泥。[2]

以爱琴海的西克拉底斯群岛为中心，出现希腊爱琴文化最初阶段的西克拉底斯文化。[3]

[1] 孙慰祖《中国印章——历史与艺术》，外文出版社，2010年，第8页。

[2] 同上，第6页。

[3] 翦伯赞《中外历史年表（校订本）》，中华书局，2008年，第1至2页。

约公元前2750年

1934年，慎微之（1896—1976）在浙江省湖州市城南钱山漾东南岸首次发现吴兴钱山漾遗址。1956年起，浙江省多次进行考古发掘，遗址中出土了距今约4700年的一段丝带、一小块绢片和丝线。经分析，丝带宽5毫米，用16根粗细不一的丝线交编而成；绢片的经纬密度各为每厘米48根，丝线的捻向为Z捻，证实蚕桑丝绸的起源确实在远古。这些丝绸文物也是我国南方发现最早、最完整的丝织品，现藏浙江博物馆、中国丝绸博物馆。2015年，钱山漾遗址被正式命名为“世界丝绸之源”。在遗址第二次发掘中，探坑中出土了不少麻织品，麻织品有麻布残片和细麻绳，经浙江省纺织科学研究所鉴定，所用原料均为苎麻纤维。另外，遗址还发现了200余件竹编器物，有篓、箅、席、篷、绳等。[4]

[4] 浙江省文物管理委员会《吴兴钱山漾遗址第一、二次发掘报告》，《考古学报》1960年第2期，第73至90页。

约公元前 2697 至前 2597 年 黄帝时代

沮诵、仓颉造字，史皇作图。

雍父发明舂和杵臼。

嫘祖（西陵氏女，黄帝正妃）养蚕缫丝，伯余、胡曹制作衣裳。

《荀子·解蔽》：“故好书者众矣，而仓颉独传者，一也。”[1]

东汉李尤《墨铭》：“书契既造，砚墨乃陈。烟石相附，以流以伸。”[2]

[1] 方勇、李波译注《荀子》，中华书局，2015年，第347页。

[2] 李昉《太平御览》卷六百五，中华书局，1960年，第2723a页。

约公元前 2600 年

苏美尔早王朝时期

苏美尔人在舒如帕克城完成了第一次重大的文字改革，象形字体发展成楔形文字。

楔形文字经历了三次脱胎换骨的根本变化：第一次变化发生于公元前 2400 年前后，从表意文字体系发展出音节文字体系（或音节一表意体系）；第二次变化发生于公元前 14 世纪，在音节文字的基础上，地中海沿岸产生楔形字母，即乌迦里特字母（30 个辅音符号）；第三次变化发生于公元前 6 世纪的古波斯帝国，在埃兰音节文字的基础上产生古波斯楔形字母 + 表意字的混合文字体系，36 个字母加 5 个表意字。[3]

[3] 拱玉书《楔形文字文明的特点》，《世界历史》2023 年第 5 期，第 7 至 13 页。

约公元前 2600 至 1900 年

印度河文明成熟期

哈拉帕和摩亨佐—达罗出现城市，印度河文字在整个文明范围内被广泛使用。[1]

在公元前 2300 年左右的罗塔尔（Lothal）仓库遗址发掘中，出土了抑有印度文明类型印章的封泥，封泥的背面残留有布纹和扭曲的绳迹，有的还粘有竹子或芦荟的碎片。图案中印度文字清晰，有学者推测为发货者的名字或背书，或者是为证明其质量与产地而抑印的标记。[2]

[1] 【英】安德鲁·鲁宾逊著，周佳译《众神降临之前：在沉默中重现的印度河文明》，中国社会科学出版社，2021 年，第 1 页。

[2] 孙慰祖《中国印章——历史与艺术》，外文出版社，2010 年，第 8 页。

公元前 2589 至前 2562 年

古埃及第四王朝法老胡夫时期

2013 年，法国巴黎索邦大学的皮埃尔·塔莱（Pierre Tallet）教授在古埃及人使用的红海古港口瓦迪艾贾夫（Wadi el-Jarf）遗址（今埃及吉萨以东约 140 英里的沙漠腹地）的岩洞中发现了迄今为止埃及境内出土的年代最早的载有文字的莎草纸，这些莎草纸上主要记录古埃及第四王朝法老胡夫时期（Pharaoh Khufu）王室监工梅勒（Merer）及其团队的账单、日记以及项目进度表。[3]

埃及墨水的黑色颜料来自碳元素，很可能是从木炭或烧焦的木质器皿上刮下来的，墨水由炭粉、阿拉伯胶及水混合而成。[4]

[3] 【美】约翰·高德特著，陈阳译《法老的宝藏：莎草纸与西方文明的兴起》，社会科学文献出版社，2020 年，第 5 至 12 页。

[4] 【英】基思·休斯敦著，伊玉岩、邵慧敏译《书的大历史：六千年的演化与变迁》，生活·读书·新知三联书店，2020 年，第 80 页。

公元前 2540 年

两河流域下游之城邦达到极盛时代。统治者安那吐姆征服乌马城邦，并刻石纪念。

在鉴定为公元前 2550 至前 2450 年的埃及文献中，就有使用皮革作为书写平面的记载。开罗博物馆则收藏了一块仅次于上述年代的写有文字的皮革碎片。[5]

[5] 【英】基思·休斯敦著，伊玉岩、邵慧敏译《书的大历史：六千年的演化与变迁》，生活·读书·新知三联书店，2020 年，第 20 页。

公元前 2345 至前 2040 年

古埃及第四王朝至第十王朝

在纸草文书流行之后，滚筒印的钤用受到技术上的限制。在第四王朝至第十王朝，平面印章即“纽扣式”印和圣甲虫印（蜣形印）先后起而替之。圣甲虫印适用于在小型容器上封印，因而大行其道。[1]

[1] 孙慰祖《中国印章——历史与艺术》，外文出版社，2010 年，第 7 页。

公元前 2334 至前 2279 年

阿卡德王朝时期

阿卡德（Akkad）王萨尔贡（Sargon）在美索不达米亚建立阿卡德王国，与美卢哈（Meluhha，即印度河地区）进行贸易。[2]

阿卡德语成为官方语言，书吏对楔形文字的使用方式进行了改革：一、多数表意字不再用来表意，而是用来表音，即表音节；二、弃用大部分表意字，只保留一部分表意字的表意用法。这种改革改变了楔形文字的性质，使楔形文字从表意文字（logographic writing）变成了音节文字（syllabic writing）。

[2] 【英】安德鲁·鲁宾逊著，周佳译《众神降临之前：在沉默中重现的印度河文明》，中国社会科学出版社，2021 年，第 2 页。

公元前 2300 至前 1900 年

陶寺遗址位于山西省临汾市襄汾县东北，分布于陶寺村、东坡沟、沟西村、中梁村和宋村，以陶寺村命名。从 1978 年开始，中国社会科学院考古研究所联合山西省考古研究所、临汾市文物局等单位经过 40 多年的考古发掘和研究，初步揭示出陶寺已经进入了“国家”时期，比二里头遗址所代表的国家早 300 多年，陶寺所在的地方是“最初的中国”。遗址出土了龙盘、朱书扁壶、石磬、玉面兽以及中国最早的铜器群等许多文物“重器”。表明在陶寺文化时期，早期国家已经出现，礼制初步形成，是中国夏商周三代辉煌文明的主要源头。[1]“朱书扁壶”的发现对研究中国文字的演变具有重要意义，它不仅提供了汉字起源的重要线索，也表明了中华文明的连续性和传承性。

1972 年在甘肃省永昌鸳鸯池新石器时代墓地 29 号墓中出土的细石管内发现的黄色纤维物，经鉴定为毛织物，其年代为公元前 2300 至前 2000 年。[2]

[1] 中国考古学会、中国文物报社《中国百年百大考古发现》，文物出版社，2023 年，第 28 至 32 页。

[2] 赵丰、尚刚、龙博《中国古代物质文化史·纺织（上）》，开明出版社，2014 年，第 40 页。

约公元前 2168 至前 2097 年
尧（陶唐氏，名放勋）

《韩非子·五蠹》：“冬日麑裘，夏日葛衣。”[3]

《物原》：“后稷作水碓。”《事物原始》：“利于踏碓百倍。”[4]

[3] 高华平等译注《韩非子》，中华书局，2015年，第700页。

[4] 陈元龙《格致镜原》卷五十二，“碓磨”，钦定四库全书本。

约公元前 2133 至前 1786 年

古埃及中王国时期

古代埃及形成了成熟的书写文字体系，包括圣书体（hieroglyphics）、僧侣体（hieratic）和世俗体（demotikos）三种，一直被使用到公元 5 世纪后才消失。

约公元前 2097 至前 2037 年
舜（有虞氏，名重华）

《尚书·益稷》：“采者，青、黄、赤、白、黑也。色者，言施于缯帛也。绘于衣，绣于裳，皆杂施五采以为五色也。”[1]

[1] 蔡沈《书集传》，中华书局，2018年，第42页。

约公元前2070至前1600年 夏朝 禹

《左传·哀公七年》：“禹合诸侯于涂山，执玉帛者万国。”[2]玉和帛都是书写国书的材料，写后或埋入地下或以火焚烧，表示可以上达于天。在考古发掘中，经常发现殷商时期的青铜礼器由丝织品包裹后入葬的痕迹，是因为丝织品可以作为青铜器的载体“上达于天”。[3]

《夏小正》：“三月，摄桑……妾子始蚕，执养宫事。”[4]

[2] 郭丹等译注《左传》，中华书局，2018年，第2270页。

[3] 赵丰、尚刚、龙博《中国古代物质文化史·纺织（上）》，开明出版社，2014年，第36页。

[4] 浙江大学《中国蚕业史（上）》，上海人民出版社，2010年，第36页。

公元前2000年

腓尼基人编出22个字母，较埃及与巴比伦文字简便，之后希腊文的字母即系根据腓尼基字母编成。[5]

[5] 翦伯赞《中外历史年表（校订本）》，中华书局，2008年，第5页。

公元前1792至前1750年

古巴比伦王朝时期

巴比伦第一王朝第六位王汉谟拉比（Hammurabi）在位期间，颁布《汉谟拉比法典》（The Code of Hammurabi），它刻在一根高2.25米，上周长1.65米、底部周长1.90米的黑色玄武岩柱上，共3500行，正文有282条内容，用阿卡德语楔形文字写成，是世界上最古老、最完整的法典。1902年，雅克·德·摩尔根（Jacques de Morgan，1857—1924）带领的法国考古队在埃兰（Elam）古都苏萨（Susa）遗址（今伊朗西南部）发现汉谟拉比法典石碑。现藏法国巴黎卢浮宫博物馆。

巴比伦人把苏美尔人的楔形文字简化和整理成为640多个基本字，组成一切词组。楔形文字系统，从书写一种语言（苏美尔语）转移到书写另一种语言（巴比伦闪米特语）的时候，发展了假借和表音的功能。[1]

[1] 周有光《世界文字发展史》（第3版），上海教育出版社，2018年，第52页。

约公元前1700年

希腊克里特出现线形文字。

腓尼基人最早使用骨螺紫染色，并在泰尔（今属黎巴嫩）建立染色中心，从事紫色羊毛的贸易。骨螺紫染色非常牢固稳定，在西方成为专属于贵族和神职人员的服装用色。[2]

[2] 同上，第293页。

公元前1652至前1600年 帝桀

《管子·轻重篇》：“昔者桀之时……伊尹以薄之游女工文秀纂组，一纯得粟百钟于桀之国。”[3]

[3] 李山、轩新丽译注《管子》卷二十三，《轻重》甲第八十，中华书局，2019年，第1027至1028页。

商朝时期

约公元前1600至前1066年

《尚书 · 大传》："汤放桀而归于亳，三千诸侯大会，汤取天子之玺，置之于天子之座左。"[1]

1937年，瑞典人西尔凡（Vivi Sylvan）对瑞典斯德哥尔摩远东文物博物馆（The Museum of Far Eastern Antiquities）藏中国商代青铜器进行观察，发现了重要的纺织品痕迹，在一件青铜钺上发现了平纹地上显回纹图案的丝织品，在另一件青铜甑上发现了几何纹的织物以及刺绣的痕迹。[2]

1979年，陈娟娟在故宫博物院藏商代玉器及青铜器上也发现了织物的痕迹，在一件玉戈上发现雷纹绮，其白色印痕虽小，但十分清晰，有呈S形的云雷纹和两边的斜直线。[3]

在新疆哈密五堡商代墓地出土的皮革制品的鞣制、脱脂水平较高，毛织物纺织精细、质地细密。[4]

1965年，在河北省石家庄市藁城区首次发现台西遗址。1972年，台西遗址出土了平纹绉丝纺织品、利用人工技术纺织的脱胶麻织物。另外出土的若干青铜器上粘有丝织品痕迹，其种类有纨、纱、纱罗（绫罗）。[5]

1978年，在福建崇安武夷山西部莲花峰西侧的白岩崖洞墓的先秦船棺墓葬中，发现了一名古越男性死者身上残留的一些纺织品碎片，经分析有大麻、苎麻、丝绸和木棉等。船棺木材年代测定约为3500年前，说明当时闽越地区的纺织技术较为发达。[6]

[1] 皮锡瑞《今文尚书考证》卷五，中华书局，1989年，第198页。

[2] 参见 Vivi Sylvan. "Silk from The Yin Dynasty." The Museum of Far Eastern Antiquities (1937). 119—126.

[3] 陈娟娟《两件有丝织品花纹印痕的商代文物》，《文物》1979年第12期，第70至71页。

[4]《新中国考古五十年》，文物出版社，1999年，第482至483页。

[5] 参见河北省文物研究所《藁城台西商代遗址》，文物出版社，1977年。

[6] 福建博物馆、崇安县文化馆《福建崇安武夷山白岩崖洞墓清理简报》，《文物》1980年第6期，第12至20页。

公元前 1550 年　辛未

在古埃及，《亡灵书》开始以莎草纸卷的形式出现，卷紧封好之后与尸身放在一起。[1]

[1] 【美】约翰·高德特著，陈阳译《法老的宝藏：莎草纸与西方文明的兴起》，社会科学文献出版社，2020 年，第 54 页。

公元前 1430 年　辛未

赫梯新王国时期（前 1430 —前 1200）开始。赫梯文字初为图形文字，后发展为楔形文字。起初出现的滚筒印图案来自美索不达米亚风格，其后安托利亚风格的平面抑压印代替了滚筒印。在赫梯王国宫殿的书房遗址中出土了大量泥文书，上面发现刻有动物图案的平面印章的印迹。印章主要钤于封泥。在哈图沙什（Hattusha）王宫遗址出土的封泥中，有的背后留有绳子的痕迹。同时，印章还钤于封泥用来封门，这一习俗在中国古代也同样存在。[2]

[2] 孙慰祖《中国印章——历史与艺术》，外文出版社，2010 年，第 6 页。

公元前 1300 年　辛巳

1982 年，美国考古学家唐·弗雷（Don Frey）在土耳其附近的乌鲁布伦发现古代沉船，年代为公元前 14 世纪晚期。乌鲁布伦沉船上的货物来自世界各地，涉及西西里、埃及、塞浦路斯、希腊、迦南、美索不达米亚等。沉船中还发现了目前可见的最古老的双连书写板（diptych）。这是一种当时地中海沿岸地区普遍使用、携带方便、可反复书写并根据需要修改文字的书写工具。[3]

[3] 【英】基思·休斯敦著，伊玉岩、邵慧敏译《书的大历史：六千年的演化与变迁》，生活·读书·新知三联书店，2020 年，第 234 至 237 页。

公元前 1278 至前 1213 年

古埃及第十九王朝拉美西斯二世统治时期

1844 年，法国考古学家普里斯 · 达文讷（Prisse d' Avennes，1807—1879）在位于底比斯（Thebes）附近的卢克索（Luxor）阿蒙神庙发现一份莎草纸卷。全篇共有 18 页，写有黑色和红色的古埃及僧侣体文字，记载的内容是《普塔霍特普箴言录》（The Maxims of Ptahhotep），收录了古埃及第五王朝法老杰德卡拉·伊赛西（Djedkare Isesi）统治期间（前 2475—前 2455）维齐尔普塔霍特普（Vizier Ptahhotep）的箴言。现藏法国国家图书馆。[1]

[1] 【美】约翰·高德特著，陈阳译《法老的宝藏：莎草纸与西方文明的兴起》，社会科学文献出版社，2020 年，第 25 至 40 页。

1887 年，英国人沃利斯·巴奇（E. A. Wallis Budge）在埃及卢克索附近的一座墓葬遗址发现阿尼纸草，由古埃及王室写工阿尼（Ani）编写、绘制并上色，阿尼是“众神祭品的记录者、阿拜多斯诸神粮仓的监督者、底比斯诸神祭礼的书吏”。该文献书写部分长达 78 英尺，两端各有一段长约 2 英尺的空白，是底比斯时期已知最长的莎草纸卷。现藏大英博物馆。[2]

[2] 同上，第 63 至 67 页。

公元前 1250 至前 1076 年
商武丁至帝乙时期

19 世纪末至 20 世纪初，在河南安阳殷墟出土大量刻有文字的龟甲和兽骨，内容为记载盘庚迁殷至纣辛间 270 年的卜辞，是中国目前已发现的最早文字。这些文字已经形成体系，因刻书在龟甲和兽骨上而被称为“甲骨文”。甲骨文主要有 3 个源头：一物件记事；二符号记事；三图画记事。[3] 因此推断中国文字的起源可以追溯到更早的时期。

[3] 汪宁生《从原始记事到文字发明》，《考古学报》1981 年第 1 期，第 19 至 38 页。

甲骨文，商周时期契刻或书写在卜骨、卜甲上的文字。绝大部分是占卜记录的卜辞，亦有记事刻辞、祀谱等。

商代就有“涂朱甲骨”，把朱砂磨成红色粉末，涂嵌在甲骨文的刻痕中以示醒目。武丁时期的一些大版龟甲上，同时填涂朱、墨两种颜色，并且常常是大字涂朱，小字涂墨。

目前所见甲骨书迹共 74 片，主要见于《殷墟文字乙编》和《殷墟文字丙编》。这些甲骨书迹的位置除《小屯南地甲骨》1453 号位于卜甲的正面，其余 73 片均位于龟甲和兽骨的背面。朱书现在多呈深红色或深褐色，墨书呈黑色或褐色，或因年久而又经过洗刷泥土，色为淡黄。甲骨中还有一些朱书未刻或书后只刻了一半的卜辞。据此推断，商代可能出现了书写的毛笔和颜料，[1] 而契刻可能是甲骨文字最后的步骤及其所呈现的结果。

1991 年，在河南安阳殷商贵族 3 号墓出土了几件柄形器，这几件柄形器上皆留下了朱书，写着“祖庚”“祖甲”“祖丙”“父辛”“父癸”等祖先庙名。[2]

传是河南安阳殷商出土的商代骨尺和牙尺，是迄今所见最早的长度测量工具，分别藏于台北故宫博物院和上海博物馆。骨尺由兽骨制成，长 17 厘米；牙尺长 15.8 厘米。两者尺面刻有 10 寸，后者每寸刻有 10 分。由此推测商尺长为 16 至 17 厘米。[3]

《尚书·多士》：“惟殷先人，有册有典。”[4] 见元代周伯琦撰《说文字原》：“册，符命也。以竹为之或以玉象。其札一长一短中有二编之形。”[5]

商代后期，青铜器上开始出现有抽象的图形符号和少量文字组合，一般推测为“族氏铭文”。

1998 年，在河南省安阳市殷墟商代晚期灰坑中发现一件兽面纹铜玺。与故宫博物院所藏的一兽面纹玺风格接近。殷墟出土陶器上所见的单个兽面纹，亦有类似的风格。可以证明这是作为徽识并具抑印功能的器物。在陶器制作中抑印文字等标志，应是玺印的早期用途。[6]

[1] 刘一曼《试论殷墟甲骨书辞》，《考古》1991 年第 6 期，第 546 至 548 页。

[2] 中国社会科学院考古研究所安阳队、徐广德《1991 年安阳后冈殷墓的发掘》，《考古》1993 年第 10 期，第 898 至 899 页。

[3] 丘光明、邱隆、杨平《中国科学技术史·度量衡卷》，科学出版社，2001 年，第 65 至 66 页。

[4] 皮锡瑞《今文尚书考证》卷十九，中华书局，1989 年，第 360 页。

[5] 周伯琦《说文字原》，钦定四库全书本。

[6] 孙慰祖《中国印章——历史与艺术》，外文出版社，2010 年，第 43 至 44 页。

公元前1200年　辛酉

雅利安人侵入印度，抵达印度河两岸和五河地带，开启了印度文明的“吠陀时代”。

公元前1155至前1149年

古埃及第二十王朝拉美西斯四世时期

1885年，在底比斯墓穴中发现一卷古埃及纸草书，后由英国人哈里斯购得而命名为“哈里斯大纸莎草书”（Great Harris Papyrus）。现藏大英博物馆。该文献由79张莎草纸拼接而成，长133英尺，宽约17英寸，是世界上现存最长的莎草纸文献。纸草书内容是埃及法老拉美西斯四世颂扬其父拉美西斯三世（Ramesses Ⅲ）在位期间的功绩和善行，文件呈卷轴形，由3个书吏写成。

西周时期

公元前1046至前1043年
西周武王时期

1976年，在陕西临潼区零口镇出土的西周青铜器“利簋”，又名“武王征商簋”“周代天灭簋”或“檀公簋”。器内底铸铭文 4 行 33 字："武王征商，唯甲子朝，岁鼎，克昏夙有商，辛未，王在阑师，赐有（右）事（史）利金，用作檀公宝尊彝。"记载了甲子日清晨武王伐纣这一重大历史事件，内容与中国古代文献记载完全一致。利簋作于辛未，即牧野之战后第 7 天，因作器者名"利"而称为"利簋"。[1] 利簋是迄今能确知的最早的西周青铜器，现藏于中国国家博物馆，被确定为首批禁止出国（境）展览的文物之一。

[1] 唐兰《西周时代最早的一件铜器利簋铭文解释》，《文物》1977 年第 8 期，第 8 页。

公元前 1042 至前 1021 年
西周成王时期

根据司马迁《史记 · 周本纪》记载，周公旦摄政，作《周礼》。

《周礼 · 秋官 · 职金》："受其入征者，辨其物之媺恶与其数量，楬而玺之。"郑玄注："玺者，印也。既楬书揃其数量，又以印封之。今时之书有所表识，谓之楬櫫。"[2] 所谓"楬櫫"，是一种木做的标记牌。表明职金的职责在于辨明物品的等级和数量，用木做标记书写清楚，用封泥封存并钤上印章。[3]

《周礼 · 地官 · 司市》："凡通货贿，以玺节出入之。"[4]

西周已严格规定布帛的宽度和长度。东汉郑玄注（唐代陆德明音义、贾公彦疏）《周礼注疏》卷七："内宰，掌书版图之法，以治主内之政令，均其稍食分其人民以居之。"[5] 卷十五："质人，掌成市之货贿、人民、牛马、兵器、珍异。凡卖價者，质剂焉。大市以质，小市以剂。掌稽市之书契，同其度量，壹其淳制，巡而考之，犯禁者举而罚之。玄注：杜子春云：淳当为纯，纯谓幅广，制谓匹长也，皆当中度量。"[6]

西周时期开始形成规模性的官营纺织业，从纺织原料、染料到纺绩、织造、练漂、染色，乃至服装造制，都设有专门机构。[7] 据郑玄注《周礼注疏》卷八"天官"："典妇功，掌妇式之法，以授嫔妇及内人女功之事资。"[8]"典丝，掌丝入而辨其物，以其

[2] 阮元校刻《周礼注疏》，《十三经注疏》清嘉庆刊本，中华书局，2009 年，第 1905 页。

[3] 孙慰祖《中国印章——历史与艺术》，外文出版社，2010 年，第 35 页。

[4] 阮元校刻《周礼注疏》，《十三经注疏》清嘉庆刊本，中华书局，2009 年，第 1583 页。

[5] 同上，第 1473 页。

[6] 同上，第 1589 页。

[7] 赵承泽《中国科学技术史 · 纺织卷》，科学出版社，2003 年，第 26 至 27 页。

[8] 阮元校刻《周礼注疏》，《十三经注疏》清嘉庆刊本，中华书局，2009 年，第 1486 页。

贾楬之。”[1]“典枲，掌布缌缕纻之麻草之物，以待时颁功而授赍。”[2]“染人，掌染丝帛。凡染，春暴练、夏纁玄、秋染夏、冬献功。”[3]卷十六“地官”：“掌葛，掌以时征絺绤之材于山农，凡葛征征草贡之材于泽农，以当邦赋之政令。”[4]“掌染草，掌以春秋敛染草之物。”[5]

[1] 阮元校刻《周礼注疏》，《十三经注疏》清嘉庆刊本，中华书局，2009 年，第 1486 页。

[2] 同上，第 1487 页。

[3] 同上，第 1491 页。

[4] 同上，第 1613 页。

[5] 同上，第 1613 页。

《周礼 · 秋官 · 司烜氏》：“凡邦之大事，共坟烛庭燎。”郑玄注云：“蕡烛，麻烛也。玄谓：坟大也。树于门外曰‘大烛’，于门内曰‘庭燎’，皆所以照众为明。”[6]说明西周时已经掌握较高的麻纤维脱胶提纯技术，可做大烛（火把）芯。

[6] 同上，第 1913 页。

《周礼 · 地官 · 大司徒》中首次出现“植物”“动物”两次，并出现了植物的分类“早物”“膏物”“核物”“荚物”以及动物的分类“毛物”“鳞物”“羽物”“介物”“蠃物”，为之后分类处理动植物纤维奠定了基础。

《周礼 · 月令》中记载当时已经认识到茧质与丝质的关系和选茧的必要性。之后，产生了次茧制成丝絮的工艺。

《周礼 · 考工记》：“㡛氏湅丝。以涚水沤其丝七日，去地尺暴之。昼暴诸日，夜宿诸井，七日七夜，是谓水湅。湅帛，以栏为灰，渥淳其帛，实诸泽器，淫之以蜃。清其灰而盝之，而挥之，而沃之，而盝之，而涂之，而宿之，明日沃而盝之。昼暴诸日，夜宿诸井，七日七夜，是谓水湅。”[7]表明当时已经熟练掌握纤维提纯的技术，包括自然发酵沤料的脱胶工艺、采用贝壳作碱性物质的脱酸工艺以及多次清水漂洗、重复发酵等工艺流程。

[7] 同上，第 1987 页。

约公元前 1000 年　辛巳

1959 年，在青海都兰县诺木洪搭里他里哈遗址中，出土了一块长 22.1 厘米、宽 6.1 厘米，经密约每厘米 14 根，纬密约为每厘米 6 至 7 根的毛织品，表明当时已具备一定的毛纺织水平。[8]该毛织品现藏青海省博物馆。

[8] 青海省文物管理委员会、中国科学院考古研究所青海队《青海都兰县诺木洪搭里他里哈遗址调查与试掘》，《考古学报》，1963 年第 1 期，第 17 至 43 页。

腓尼基推罗城邦达到鼎盛时期（前 1000—前 774）。埃及与赫梯俱衰。其后亚述兴，腓尼基臣服于亚述。腓尼基人对古埃及象形文字进行改造，逐步演化形成了腓尼基字母，成为世界上最早的字母文字，直接影响了世界文字的演进历史。

约公元前 1000 至前 500 年

中国古代最早的诗歌总集《诗经》。汇集了公元前 11 世纪至前 6 世纪末 500 年间的诗歌作品，共 300 余首，分为风、雅、颂三类。其中蕴含着丰富的中国古代科技史方面的资料。[1]

《诗经 · 豳风 · 七月》：“七月食瓜，八月断壶，九月叔苴，采荼薪樗。”[2] 表明当时古人已经注意到大麻的雌雄异株现象，这是中国古代对植物性别的认知。大麻，又称火麻，属桑科。一年生草本植物，雌雄异株，雌株为苴，雄株为枲。

《诗经 · 陈风 · 东门之池》：“东门之池，可以沤麻。彼美淑姬，可与晤歌。东门之池，可以沤纻。彼美淑姬，可与晤语。东门之池，可以沤菅。彼美淑姬，可与晤言。”[3] 表明当时提取植物纤维已普遍采用沤渍法，并已掌握了不同纤维的沤渍时间和脱胶效果之间的关系。

麻的种类虽多，但其初加工技术却基本一致，即采用各种方法使麻纤维脱胶，去除半纤维素、果胶、木质素等杂物。麻纤维的脱胶办法主要是沤渍，即用微生物脱胶。

《诗经 · 国风 · 葛覃》：“葛之覃兮，施于中谷，维叶莫莫……是刈是濩，为絺为绤，服之无斁。”[4] 表明当时提取葛纤维已经采用作用比较平均且易于控制脱胶程度的沸煮法。

《诗经》中有不少内容描述了当时所用植物染料品种和生产情况，包括茜草、兰草等，并且还有对绿、黄、玄、朱、绛等有色纺织品的描述，表明当时中国古代先民已成熟掌握染色技术。[5]

[1] 金启华校注《诗经全译》，凤凰出版社，2018 年。

[2] 同上，第 228 页。

[3] 同上，第 201 页。

[4] 同上，第 4 页。

[5] 赵承泽《中国科学技术史 · 纺织卷》，科学出版社，2003 年，第 39 至 40 页。

公元前 900 年　辛酉
西周共王二十三年

[1] 李也贞等《有关西周丝织和刺绣的重要发现》，《文物》1976 年第 4 期，第 63 页。

陕西宝鸡茹家庄西周墓出土的丝织品上的黄色涂料残痕，经分析是石黄。石黄是中国早期常用的天然黄色矿物性颜料。[1]

公元前 828 至前 782 年
西周宣王时期

[2] 陶宗仪《南村辍耕录》，浙江古籍出版社，2014 年，第 692 页。

[3] 周用金《书法术语》，湖南美术出版社，2022 年，第 243 页。

元代陶宗仪（1329—1412）《南村辍耕录》卷二十九："上古无墨，竹挺点漆而书。中古方以石磨汁，或云是延安石浪。"[2]

明代朱棠涝《述古书法纂》："邢夷始制墨，字从黑土，煤烟所成，土之类也。"[3]

附：西周时期　未明确纪年

西周初年就开始以铸、刻的方式，让文字大量出现在青铜器上，称之为"金文"或"钟鼎文"。

金文，商周以来铸造、契刻在青铜器上的文字。早期金文简短，一般只是"族氏铭文"、祖先日名，商末开始出现记载赏赐等事的较长铭文。周时金文多记战功、赏赐、册命、祖先世系和功绩、婚媵等内容。战国秦汉金文多契刻在兵器、量器上，说明器物的制作过程和用途，有物勒工名的性质。

据《书经·洛诰》记载，周初营造东都洛邑时，绘图和占卜一样重要：“我又卜瀍水东，亦惟洛食：伻来以图及献卜。”[1]

[1] 刘沅《书经恒解》卷五，《十三经恒解》笺解本，巴蜀书社，2016 年，第 177 页。

春秋时期

公元前 858 至前 477 年

庄子（约前 369 —前 286）《逍遥游》：“宋人有善为不龟手之药者，世世以洴澼絖为事。”[2] 潘吉星（1931—2020）认为，澼通撇，即漂；絖或作纩，即絮。“洴澼絖”即于水面上击絮。[3]

明代宋应星（1587—约 1661）《天工开物 · 乃服 · 造绵》：“凡双茧并缫丝锅底零余，并出种茧壳，皆绪断乱，不可为丝，用以取绵。用稻灰水煮过（不宜石灰），倾入清水盆内。手大指去甲净尽，指头顶开四个，四四数足，用拳顶开，又四四十六拳数，然后上小竹弓。此《庄子》所谓‘洴澼絖’也。湖绵独白净清化者，总缘手法之妙。上弓之时，惟取快捷，带水扩开。若稍缓，水流去，则结块不尽解，而色不纯白矣。其治丝余者，名锅底绵，装绵衣、衾内以御重寒，谓之‘挟纩’。”[4]

[2] 方勇译注《庄子》，中华书局，2015 年，第 12 页。

[3] 潘吉星《中国科学技术史 · 造纸与印刷卷》，科学出版社，1998 年，第 45 页。

[4] 宋应星撰，杨维增译注《天工开物》，中华书局，2021 年，第 80 至 81 页。

约公元前 800 至 700 年

希腊古风时期

莎草纸传入希腊和罗马。古希腊作家泰奥弗拉斯托斯（Theophrastus）将纸莎草用于制作绳索、篮筐或纸张等不可食用的产品时，使用一个词：byblos。据说这个词源于古代腓尼基城镇比布鲁斯（Byblos），是当时大宗莎草纸交易的主要港口。在此基础上进一步演化出 biblion 一词，意思是一本书或一份小型纸卷，还衍生出了特指基督教经典《圣经》的英文单词 Bible。[1]

[1] 【美】约翰·高德特著，陈阳译《法老的宝藏：莎草纸与西方文明的兴起》，社会科学文献出版社，2020 年，第 129 页。

公元前 668 年　癸丑

苏美尔新亚述时期

亚述王亚述巴尼拔（Ashurbanipal，前 668—前 627 在位）重视文化。他在尼尼微建立了历史上第一个有计划的图书馆，储藏大量的泥版图书和艺术珍品，其中的 20000 多件泥版文献现藏大英博物馆。[2]

[2] 周有光《世界文字发展史》（第 3 版），上海教育出版社，2018 年，第 53 页。

公元前 600 年　辛酉

苏美尔新巴比伦王朝时期

古巴比伦人基于土地管理的需求，将地图绘制在泥版上。1881 年，在幼发拉底河东岸距离巴比伦遗址 60 公里的西巴尔遗址中发现了一块绘有地图的泥版，称为“巴比伦世界地图”，是迄今已知的世界上最古老的地图。泥版长 12.2 厘米，宽 8.2 厘米，绘制于约公元前 6 世纪，上面有楔形文字和由两个同心圆组成的圆盘地图。现藏大英博物馆。

公元前 586 年　乙亥

古伊朗米底王国时期

琐罗亚斯德（Zarathustra，前 628 —前 551）受到维什塔斯普国王（Kia Vashtasef）接见，从此琐罗亚斯德教（拜火教）在古波斯迅速传播。后维什塔斯普国王御令重修编订琐罗亚斯德教经典《阿维斯塔》（Avesta），计 21 卷 815 章，用金字抄写在 12000 张牛皮革上，一式两份，一份藏在拜火教神庙，一份藏在皇家图书馆。

公元前 551 至前 479 年
孔子在世

西汉景帝时期，鲁恭王刘余在拆除曲阜孔子旧宅时，在墙壁内发现《尚书》《礼记》《春秋》《论语》《孝经》等数十篇战国时期的书写简册，约入藏于秦朝焚书时，用战国通行文字书写，称为“孔壁经”“壁中书”。

《论语 · 子罕》：“衣敝缊袍。”集解引孔注：“缊，枲著也。”[1] 缊袍乃贫者之服。大麻纤维切断后形成的絮名“缊”，可以填充在衣中御寒。表明当时民间已经采用大麻等植物纤维生产絮状物，代替丝絮来作为冬服的填充物，为后来蔡伦采用树肤、麻头、敝布造纸提供原料来源上的依据。大麻纤维的加工处理技术和击絮（漂絮）工艺的叠加效应在当时可能产生了民间造纸工艺的雏形，利用细小的如麻类植物纤维制造出的类似纸张的薄片状聚合物。

西汉韩婴（约前 200—前 130）《韩诗外传》：“原宪居鲁，环堵之室，茨以蒿莱，蓬户瓮牖，桷桑而无枢，上漏下湿。匡坐而弦歌。子贡乘肥马，衣轻裘，中绀而表素，轩车不容巷而往见之。原宪楮冠藜杖而应门，正冠则缨绝，振襟则肘见，纳履则踵决。子贡曰：‘嘻！先生何病也？’”[2] 原宪，孔子弟子，公元前 6 世纪时人，当时用楮皮为冠，故曰楮冠。[3] 表明当时中国古代先民已掌握利用楮树皮制作衣冠的技术。

《礼记 · 曲礼》：“史载笔，士载言。”孔颖达疏：“不言简牍而云笔者，笔是书之主，则余载可知。”[4]

[1] 何晏《论语集解校释》，辽海出版社，2007 年，第 175 页。

[2] 韩婴《韩诗外传集释》，中华书局，1980 年，第 11 页。

[3] 凌纯声《中国古代的树皮布文化与造纸术发明》，《树皮布印文陶与造纸印刷术发明》，“中央研究院”民族学研究所，1963 年，第 5 页。

[4] 孙希旦《礼记集解》，中华书局，1989 年，第 83 页。

公元前 544 年　丁巳
周景王元年　鲁襄公二十九年

《左传·襄公二十九年》：“季武子取卞，使公冶问，玺书追而与之，曰：‘闻守卞者将叛，臣帅徒以讨之，既得之矣。敢告。’”[1] 出现“玺书”，是一种古代文书形式，以泥封加盖玺印的方式，以防擅拆。

[1] 郭丹等译注《左传》，中华书局，2018 年，第 1459 页。

公元前 514 至前 496 年
春秋吴王阖闾在位时期

东汉袁康《越绝书》卷一《荆平王内传》：“子胥遂行。至溧阳界中，见一女子击絮于濑水之中，子胥曰：‘岂可得托食乎？’女子曰：‘诺。’即发箪饭，清其壶浆而食之。子胥食已而去，谓女子曰：‘掩尔壶浆，毋令之露。’女子曰：‘诺。’子胥行五步，还顾，女子自纵于濑水之中而死。子胥遂行。”[2] 表明春秋时期的中国已经采用击絮（漂絮）方式处理杂丝、形成丝絮，推测可能用于填充冬服以增加御寒效果。为后来以植物纤维抄制纸张积累了一定的工艺技术准备。

[2] 袁康、吴平《越绝书》，浙江古籍出版社，2013 年，第 5 页。

公元前 513 年　戊子
周敬王七年　鲁昭公二十九年

东周时期（春秋战国），文字还曾出现在铁器上，见《左传·昭公二十九年》：“晋赵鞅、荀寅帅师城汝滨，遂赋晋国一鼓铁，以铸刑鼎，著范宣子所为刑书焉。”[1]

[1] 郭丹等译注《左传》，中华书局，2018 年，第 2051 页。

公元前 501 年　庚子
周敬王十九年　鲁定公九年

邓析（前 545—前 501）对利用杠杆原理的取水机械——桔槔的结构和工作效率做了较为全面的描述。西汉刘向《说苑》卷二十：“卫有五丈夫，俱负缶而入井，灌韭，终日一区。邓析过，下车教之曰：‘为机，重其后轻其前，命曰桥。终日溉韭百区，不倦。’”[2]

[2] 刘向《说苑校证》，中华书局，1987 年，第 513 至 514 页。

公元前 497 年　甲辰
周敬王二十三年　晋定公十五年

1930 至 1942 年间，河南温县武德镇西张计村曾多次出土春秋晚期晋国卿大夫之间举行盟誓时记载誓词的文书，是在圭形石片上用毛笔黑墨写成的。中国社会科学院考古研究所现藏 11 件。1980 年起，河南博物院等对盟址遗址进行了多次考古发掘，又出土石圭、石简、石璋 10000 余件。盟书中有“十五年十二月乙未朔辛酉”的纪年，初步研究推定为春秋末期晋定公十五年（前 497）十二月二十七日。

公元前 486 年至前 367 年

墨翟生活的春秋时代用于记录文字的载体材质比较多样，如竹木简、缣帛、青铜、玉、石刻等，见《墨子·明鬼》：“古者圣王必以鬼神为其务，鬼神厚矣。又恐后世子孙不能知也，故书之竹帛，传遗后世子孙，咸恐其腐蠹绝灭，后世子孙不得而记，故琢之槃盂，镂之金石以重之。”[1]《墨子·兼爱》：“何知先圣六王之亲行之也？子墨子曰：吾非与之并世同时，亲闻其声，见其色也；以其所书于竹帛，镂于金石，琢于槃盂，传遗后世子孙者知之。”[2]

1965年，在山西省侯马市东周晋国遗址出土5000多件朱书和少量墨书的玉版，[3]是春秋末年晋国诸侯、卿大夫之间举行盟誓的遗物，被称为“侯马盟书”。其年代为公元前5世纪，是现存最早的毛笔书写文字。现藏山西博物院。

[1] 方勇译注《墨子》，中华书局，2015年，第261至262页。

[2] 同上，第143页。

[3] 参见陶正刚、王克林《侯马东周盟誓遗址》，《文物》1972年第4期，第27至32页。

附：春秋时期　未明确纪年

简牍，书写于竹木简和版牍上的文书，简狭长，至多容纳两行文字；牍较宽，可容多行。盛行于春秋至秦汉，官私皆用，魏晋以来逐渐被纸代替。

简册，用简编缀而成的书籍、簿册。其编简长短不一，汉制诏书、律令简长3尺，一般文书多为1尺。[4]

帛书，又称“缯书”，指在丝织品上书写的文书或绘制的图案。

封泥，封缄简牍文书时，盖有印记的胶泥。盛行于战国、秦汉，以绳缠缚写有公文、书信的简册，绳端打结处封以湿泥，加盖印章，以防擅拆。

陕西宝鸡西高泉春秋墓葬出土的苎麻布，经检验分析，是经过煮练脱胶的，其部分纤维呈单根分离状态。可见当时在掌握灰质比量和煮练时间上已有一定的经验。

唐代虞世南（558—638）《北堂书钞》卷一百四引《说文》：“笔所以书也。楚谓之聿；吴谓之不律；燕谓之拂；秦谓之笔。”[5]表明当时各诸侯国对毛笔的使用已相当普遍，但名称略有差异。

[4] 注：1汉尺合今23.1厘米。

[5] 虞世南《北堂书钞》卷一百四，钦定四库全书本。

1978 年，在山东省滕州薛国故城 2 号墓（春秋早中期）出土了一套春秋时期用于制作简牍的工具，是目前全国唯一一套保存最为完整的简牍书刻工具，共计 27 件，包括铜斧 1 件、铜锛 2 件、铜锯 2 件、铜削刀 7 件、铜刻刀 2 件、铜凿 4 件、铜刻针 4 件、铜钻 2 件以及磨石 3 件，涵盖了简牍制作从破竹剖简、修制打磨、刻字改错、磨砺利器的全套工具。现藏济宁市博物馆。

战国时期

公元前 318 年至前 296 年
魏襄王在位时期

晋武帝太康二年（281），汲郡（今河南卫辉市西南）一名叫不准的人盗掘战国魏襄王墓，发现竹简数十车，其中包括《竹书纪年》《穆天子传》等，称为“汲冢书”。

公元前 309 年　壬子
秦武王二年

1980 年，在四川青川县郝家坪第 50 号战国墓出土两枚楠木质简牍，称为“青川木牍”。木牍为墨书秦隶，笔法流畅，率意而不呆板，结体错落有致，并有篆籀遗韵，有些字形已体现出篆、隶之间的转化轨迹。木牍正面记载了秦武王二年（前 309），王命左丞相甘茂更修《田律》等事，背面为与该法律有关的记事。

公元前 269 至前 232 年

印度孔雀王朝阿育王统治时期

婆罗米字母和佉卢文出现。佉卢文原文为 kharoṣṭhī，全称“佉卢虱底文”，佉卢文最初只在古犍陀罗地区使用，后来随着佛教的传播，佉卢文在中亚地区广泛传播，并传入塔里木盆地甚至中国，成为这一带的通用文字。在印度，佉卢文最晚在公元 400 年左右已不再使用；库车地区发现的佉卢文木板表明西域地区使用佉卢文仍延续至 7 世纪。[1]

[1] 【法】安娜 - 玛丽·克里斯坦主编，王东亮、龚兆华译《文字的历史：从表意文字到多媒体》，商务印书馆，2019 年，第 144 至 145 页。

1892 年法国探险家迪特勒伊（Dutreuil de Rhins，1846—1894）在和田地区发现用佉卢文书写在桦树皮纸上的犍陀罗语佛经——于阗桦树皮《法句经》残卷。该手稿抄写时间应是公元 2 世纪，最大面积为 50 厘米 ×19.5 厘米，是将桦树皮边侧缝在一起而成的。现藏法国国家图书馆，编号巴利文手稿 715A。[2]

[2] 同上。

根据出土于尼雅遗址和库车苏巴什遗址的抄写文物来看，还存在利用杨木片作为书写材质的情况。如现藏新疆文物考古研究所的尼雅遗址佉卢文书写杨木片经济文书。这些木片被串在一起，文献整体加盖印章以示私密，年代为公元 3 世纪。[3]

[3] 同上。

公元前 260 年　辛丑
周赧王五十五年

2023 年，奥地利格拉茨大学研究人员在对图书馆特藏中的莎草纸碎片进行检查时，发现一张 10 厘米 ×6 厘米的公元前 3 世纪的埃及莎草纸有缝纫的痕迹，表明它是某本书手抄本的一部分。1902 年，这片莎草纸碎片与数百块其他莎草纸一起在艾希贝赫遗址木乃伊的包裹物中被发现，是一份可追溯到公元前 260 年的有装订痕迹的文件。表明当时莎草纸文献可能从卷轴形式向分页书形式转变，而之前认为分页式莎草纸文献大致出现在公元 2 世纪。

1896年起，英国考古学家阿瑟·亨特（Arthur S. Hunt）、伯纳德·格伦费尔（Bernard P. Grenfell）在埃及俄克喜林库斯古城遗址废弃物中发掘出大批文件、卷轴和其他文本，并带回英国，形成研究成果《俄克喜林库斯莎草纸》（The Oxydronchus Papyri），至今该研究仍在继续。[1]

[1]【英】基思·休斯敦著，伊玉岩、邵慧敏译《书的大历史：六千年的演化与变迁》，生活·读书·新知三联书店，2020年，第239至243页。

公元前239年　壬戌
秦王政八年

1986年，甘肃省文物考古所在天水市放马滩发掘13座战国时期的秦墓和一座西汉早期墓。主要收获是其中一座战国秦墓出土的竹简460枚，内容为秦王政八年（前239）文书和两种《日书》，以及七方绘在木板上的地图等。[2] 一号秦墓还出土毛笔1支。杆为竹质，通长25.5厘米，杆长23厘米，笔头质地为狼毫，长2.5厘米，0.7厘米插入杆腔。此笔笔套为双筒，用两根圆竹粘连而成，每根竹管中部镂空，同时可插入2支毛笔，表面髹黑漆。[3]

[2] 甘肃省文物考古研究所、天水市北道区文化馆《甘肃天水放马滩战国秦汉墓群的发掘》，《文物》1989年第2期，第1页。

[3] 同上，第8至9页。

公元前222年　己卯
秦王政二十五年

2002年6月，在湖南湘西土家族苗族自治州龙山县里耶镇考古发掘出36000枚战国至秦朝简牍，简牍内容属官署档案性质，涉及社会生活的许多方面，提及20多个地名，纪年则从秦王政二十五年（前222）至秦二世二年（前208）。其中一枚写有“迁陵以邮行洞庭”的竹简，被认为是中国现存最早的邮寄书信。[4]

[4] 湖南省文物考古研究所、湘西土家族苗族自治州文物处、龙山县文物管理所《湖南龙山里耶战国—秦代古城一号井发掘简报》，《文物》2003年第1期，第18页。

附：战国时期　未明确纪年

早在春秋战国时代，图籍就日益成为国家重要的档案材料。这反映了春秋时代版图地籍就是国家管理的重要内容。战争繁多的战国时代，为了政治和军事的需要，各国都有自己的“天下之图”。[1]

河北博物院藏战国错金银兆域图铜版，是迄今发现的世界上最早的有比例的铜版建筑设计图。1977 年，在河北省平山县中山王𫶶陵出土，是中山王𫶶陵区的建筑规划图，长约 96 厘米，宽约 48 厘米，厚约 0.8 厘米，重约 32 千克。年代约在公元前 4 世纪末。铜版中央标有一段诏书，说明这块图版“一式两份”，一份藏在王府，一份则随葬于墓中——即现存的这件。[2]

卜筮简，战国时期记载封君、官僚卜筮祝祷文字的一种简册。在包山楚简、望山楚简、新蔡葛陵楚简中都有发现。1977 年，在湖北随县战国早期曾侯乙墓中出土 200 余枚竹简，是迄今发现年代最早的简。

1951 年，在湖南省长沙市五里牌 406 号战国墓中，出土 38 枚竹简，是首次发现的楚简。同时发现白色麻布残片。经鉴定，织物原料为苎麻纤维；织物的构成为平纹组织；其经纬密度，经纱每 10 厘米 280 根，纬纱每 10 厘米 240 根。可见至迟在战国时代，我国已有较为精细的麻织物。[3]1982 年，在离楚国故都纪南城 16 公里的马山，发掘了一座 2300 多年前战国中期的楚墓——马山一号墓。当时出土了迄今为止保存最好的数十件战国时期的丝织品。这些丝织品共有 8 大类，是中国考古史上对东周丝织品最为集中的重大发现。[4]

1957 年，在河南信阳长台关一号楚墓出土毛笔 1 支，是迄今发现年代最早的 1 支毛笔，制作年代在战国早期。笔杆为竹质，长 20.9 厘米，径 0.9 厘米。笔毛质地不明，长 2.5 厘米。通长 23.4 厘米。制法是将笔毛用细绳缚于杆上。出土时装于竹套内，与铜锯、锛、削等修治简牍的工具放在棺椁左后室木箱内。[5]

1954 年，在湖南长沙南郊左家公山十五号楚墓出土战国中期

[1] 刘青峰、金观涛《从造纸术的发明看古代重大技术发明的一般模式》，《大自然探索》1985 年第 1 期，第 164 页。

[2] 上海博物馆《70 件文物里的中国》，华东师范大学出版社，2019 年，第 82 至 85 页。

[3] 中国科学院考古研究所《长沙发掘报告》，科学出版社，1957 年，第 63 至 65 页。

[4] 湖北省荆州地区博物馆《江陵马山一号楚墓》，文物出版社，1985 年，第 19 至 70 页。

[5] 河南省文物研究所《信阳楚墓》，文物出版社，1986 年，第 64 至 67 页；王学雷《古笔》，中华书局，2002 年，第 11、145 页。

毛笔 1 支。笔杆为竹质，长 18.5 厘米，径 0.4 厘米。笔毛为上好的兔箭毫，长 2.5 厘米。通长 21 厘米。制法是将竹笔杆一端劈成数开，将笔毛夹在中间，用细丝线缠缚，外面髹漆。出土时装于竹套内，伴随出土的还有铜削、竹片和小竹筒，一起装在竹筐内。[1]

1986 年，在湖北荆门包山二号楚墓出土战国晚期毛笔 1 支。笔杆为苇质，长 18.8 厘米，径 0.5 厘米，末端削尖。笔毛质地不明，长 3.5 厘米。通长 22.3 厘米。制法是将笔毛用丝线缠缚，插入笔杆腔内。出土时笔身装于竹套内，伴随出土有竹简和铜刻刀等。[2]

20 世纪 80 年代，在湖北江陵九店十三号战国晚期楚墓出土毛笔残件 1 支。笔杆残长 10.6 厘米，截面为八角形，系用厚 0.3 厘米的竹片削制而成，笔毛质地不明，残长 2.4 厘米。制法是将笔毛用细绳捆缚于杆上，再涂上黑漆。[3]

1986 年，在甘肃天水放马滩一号秦墓（年代约在公元前 239 年以后）出土毛笔 1 支。杆为竹质，杆长 23 厘米，笔头质地为狼毫，长 2.5 厘米，0.7 厘米插入杆腔。通长 25.5 厘米。此笔笔套为双筒，用两根圆竹粘连而成，每根竹管中部镂空，同时可插入 2 支毛笔，表面髹黑漆。伴随出土的还有 460 枚竹简。[4]

唐初天兴三畤原（现陕西省宝鸡市凤翔三畤原）出土了刻有文字的石鼓 10 只，石作鼓形，是我国现存最早的石刻文字，年代为先秦时期。铭文中多言渔猎之事，故称为“猎碣”。石鼓上文字书体为大篆向小篆过渡形态，称为“石鼓文”。

1942 年，在湖南长沙东郊杜家坡子弹库战国墓中出土帛书，长 47 厘米、宽 38 厘米，文字内容记载了伏羲与女娲的事迹，并配有四周图像，年代为战国时期楚国，称为“楚帛书”或“长沙子弹库楚帛书”，是目前现存年代最早的帛书。现藏于美国纽约大都会博物馆。1973 年，同地又清理出《人物御龙》帛画一幅，年代为战国时期。[5]

以朱砂调制的印色用于钤印，在战国时代已经发明。由于“物勒工名”传统在官私手工业中始终延续。中国采用朱色钤印的最早实例是长沙左家塘四十四号墓出土的褐地矩纹锦和江陵马山一号墓出土的塔形纹锦上所钤印记，应为织官或匠师的标志。其上所钤朱印至今仍色泽鲜明，表明当时已经掌握以朱砂调制成印色的技术。[6]

[1] 湖南省文物管理委员会《长沙左家公山的战国木椁墓》，《文物参考资料》1954 年第 12 期，第 8 页；王学雷《古笔》，中华书局，2002 年，第 11、146 页。

[2] 湖北省荆沙铁路考古队《包山楚墓》，文物出版社，1991 年，上册，第 264 页；王学雷《古笔》，中华书局，2022 年，第 11 至 12、147 页。

[3] 参见湖北省文物考古研究所《江陵九店东周墓》，科学出版社，1995 年；王学雷《古笔》，中华书局，2022 年，第 13 至 14、148 页。

[4] 甘肃省文物考古研究所、天水市北道区文化馆《甘肃天水放马滩战国秦汉墓群的发掘》，《文物》1989 年第 2 期，第 4、8 至 9 页。

[5] 湖南省博物馆《新发现的长沙战国楚墓帛画》，《文物》1973 年第 7 期，第 3 至 4 页。

[6] 孙慰祖《隋唐官印研究的新认知》，摘自《孙慰祖玺印封泥与篆刻研究文选》，上海古籍出版社，2019 年，第 209 页。

湖南长沙左家塘四十四号墓褐地矩纹锦的残片，在幅边上有墨书“女五氏”三字，在锦面上盖有一枚残缺的长方形朱印。战国时出现的麻布胎漆器，被称为“纻器”。四川新都战国墓出土夹纻漆器，为脱胎夹纻漆器的出现奠定了基础。[1]

[1] 四川省博物馆、新都县文物管理所《四川新都战国木椁墓》，《文物》1981 年第 6 期，第 3 页。

秦朝时期

公元前 221 年　庚辰
秦始皇二十六年

秦王政统一六国，建立秦朝，自号始皇帝。

李斯（? —前 208）受命统一文字。他以秦国文字为基础，参照六国文字，制定小篆，并写成范本，在全国推行。

公元前 219 年　壬午
秦始皇二十八年

秦始皇立峄山、泰山、琅玡刻石。

公元前 217 年　甲申
秦始皇三十年

1975 年，在湖北云梦睡虎地秦墓中出土大量简牍，以及毛笔、砚、墨等文具。11 号墓出土 1155 枚竹简，称为“云梦秦简”，这是首次出土发现的秦简。该墓主人名喜，生前是从事刑法令史的低级官吏。同时出土的还有毛笔 3 支及铜削、墨、砚等文具。其中 1 支笔头质地不明，笔杆为竹质，毛长约 2.5 厘米，杆长 21.5 厘米，杆径 0.4 厘米。制法是笔毛直接用胶粘合插入笔杆腔内，再以麻丝缠缚，髹漆固定。出土时装于笔套内，笔套为细竹管制成，中部两侧镂空，尾端为竹节。[1]

传世文物中最早可考的“纸”字出现在湖北云梦睡虎地秦墓竹简中的《日书》甲篇第 60—61 简的背面简上，全文如下：“人毋（无）故而髮（发）挢，若虫及须谓（眉），是 =(是) 恙气处之，乃䰞（煮）奔（贲）屦以纸，即止矣。”是由当时在美国加州大学任教的夏德安（Donald Harper）博士发现的，并于 1990 年 3 月在芝加哥举行的亚洲研究学会考古学小组研讨会上告知钱存训。钱存训后作文《纸的起源新证——试论战国秦简中的“纸”字》，刊于《文献》2002 年第 1 期。这批竹简可确定为战国晚期秦昭襄王至秦始皇三十年（前 255 一前 217）时代之物。[2] 当时的“纸”字可能是采用击絮（漂絮）方式形成的细小纤维的杂丝聚合物，区别于丝质纺织品。

云梦睡虎地 4 号秦墓出土了固体墨锭。同时出土的还有布满墨痕的石砚和写满墨字的木牍。[3]

传秦将蒙恬造笔“以枯木为管，鹿毛为柱，羊毛为被”。[4]

[1] 孝感地区第二期亦工亦农文物考古训练班《湖北云梦睡虎地十一号秦墓发掘简报》，《文物》1976 年第 6 期，第 4 页。

[2] 钱存训著，国家图书馆编《钱存训文集》第一卷，国家图书馆出版社，2012 年，第 218 至 225 页。

[3] 湖北孝感地区第二期亦工亦农文物考古训练班《湖北云梦睡虎地十一座秦墓发掘简报》，《文物》1976 年第 9 期，第 53 页。

[4] 苏鹗《苏氏演义》卷下，中华书局，2012 年，第 79 页。

公元前213年　戊子
秦始皇三十四年

焚书坑儒。在李斯的建议下，秦始皇下令焚毁书籍。除秦国史书、博士官收藏的图书及医药、占卜、种植等书外，其他图书严禁民间私藏，多被焚毁。次年，又下令坑杀460余名儒生、方士于咸阳。[1]

[1] 何兆武、步近智、唐宇元、孙开太《中国思想发展史》，中国青年出版社，1980年，第152至153页。

公元前210年　辛卯
秦始皇三十七年

秦始皇陵出土陶俑彩绘的颜料主要有红、绿、蓝、黄、紫、褐、白和黑等8种颜色。这表明中国先民很早就大量生产和使用这些颜料。其中铅白和铅丹不是天然产品，而是人工制造的。它们是迄今为止中国发现的最早的人造颜料。[2]

版型防染印花在古代又称夹缬，是中国古代最具代表性的染色方法之一，其出现时间，据《二仪实录》，夹缬，“秦汉始有之”。[3]

立会稽刻石。

[2] 赵匡华、周嘉华《中国科学技术史·化学卷》，科学出版社，1998年，第68至69页。

[3] 高承撰《事物纪原》卷十引《二仪实录》，钦定四库全书本。

附：秦朝时期　未明确纪年

1993年，在湖北荆州周家台三十号墓出土简牍、毛笔残件以及块墨、竹墨盒、铁削刀等文具。

司马迁（前145—前90）《史记·淮阴侯列传》：“信钓于城下，诸母漂。有一母见信饥，饭信，竟漂数十日。信喜，谓漂母曰：‘吾必有以重报母。’母怒曰：‘大丈夫不能自食，吾哀王孙而进食，岂望报乎？’”[1]秦汉时期水中从事漂絮的女性被称为“漂母”，可见当时漂絮工艺比较成熟和普及。[2]

[1] 司马迁《史记》，中华书局，1982 年，第 2609 页。

[2] 韦昭曰：以水击絮为漂，故曰漂母。

西汉时期

公元前 200 年　辛丑
西汉高祖七年

萧何（前 257—前 193）在长安建石渠阁，收藏律令、图籍和文书。这是中国最早的专门收藏图书的机构。见《三辅黄图》卷六：“石渠阁。萧何造。其下砻石为渠，以导水，若今御沟，因为阁名。所藏入关所得秦之图籍，至于成帝，又于此藏秘书焉。”[3]

希腊的一个城邦珀加蒙（Pergamum）国王欧迈尼斯二世（Eumenes II，前 197 一前 158）首次引进了由绵羊皮精制羊皮纸的改良模式的思路。这导致羊皮书是珀加蒙城邦发明的推测，因以地名。[4]

羊皮纸的名称随着其制作工艺的进步而不断演变。最初罗马人称其为“膜”（membrana）；公元 3 世纪，羊皮纸被称为“珀加马纸”（pergamena charta）；最后演变成为“perchment”。

羊皮纸制作方法是先将牛犊皮或羊皮双面仔细清理干净，去毛并刮净脂肪，然后放入明矾溶液做防腐处理，之后拉紧、晒干、刮擦、打磨、抛光，最后再根据需要进行切割。[5]

1946 年，贝都因牧羊人穆罕默德·艾德迪伯（Muhammed edh—Dhib）在死海西北岸的库兰地区发现了许多大陶罐，罐中装的便是死海古卷。这些文献在公元前 408 年至公元 318 年之间用希伯来文、亚拉姆文、希腊文和那巴泰—亚拉姆文书写而成。到

[3] 何清谷校注《三辅黄图校注》，三秦出版社，2006 年，第 398 页。

[4] Dard Hunter.Papermaking: The History and Technique of an Ancient Craft(Alfred A. Knopf,Inc,1947),465.

[5] 【法】安娜 - 玛丽·克里斯坦主编，王东亮、龚兆华译《文字的历史：从表意文字到多媒体》，商务印书馆，2019 年，第 411 页。

1956 年，11 处洞穴中共出土了 930 份各式各样的文献，其中大部分写在皮纸上，但也有一些写在莎草纸上。[1] 死海古卷的发掘证明犹太人是最早使用羊皮纸的人之一，且对羊皮纸情有独钟。

[1] 【美】约翰·高德特著，陈阳译《法老的宝藏：莎草纸与西方文明的兴起》，社会科学文献出版社，2020 年，第 356 页。

公元前 196 年　乙巳
西汉高祖十一年

埃及托勒密王朝期间

1799 年，法军上尉皮耶 - 佛罕索瓦 · 札维耶 · 布夏贺（Pierre-François Xavier Bouchard）在埃及地中海港口城市拉希德（即罗塞塔）发现一块大石碑，上面使用埃及和希腊两种语言，以圣书体（Hieroglyphic）、世俗体（Demotic）和希腊文三种文字刻写，称为“罗塞塔石碑”（Rosetta Stone）。石碑记载了公元前 196 年国王托勒密五世（Ptolemaic V）颁布赦免寺庙僧侣税收的一份诏令，此碑是祭司们为了回馈国王的眷顾而立的。[2] 现藏大英博物馆。

[2] 【英】基思·休斯敦著，伊玉岩、邵慧敏译《书的大历史：六千年的演化与变迁》，生活·读书·新知三联书店，2020 年，第 84 至 85 页。

公元前 195 年　丙午
西汉高祖十二年

西汉始设兰台，实具皇家图书馆性质，以御史中丞专掌其图书。见《汉书 · 百官公卿表》：“一曰中丞在殿中兰台，掌图籍秘书。”[3]

据《汉书 · 百官志》，秦代已设主管驿传的官署与属吏，至汉更广置邮亭，又专设驿骑，昼夜千里，速递文书信息，为后世邮驿通讯之滥觞。

[3] 班固著，颜师古注《汉书》，中华书局，1962 年，第 725 页。

公元前 176 至前 141 年
西汉文帝景帝时期

目前出土断代最早的纸质文物是 1986 年在甘肃省天水市放马滩战国、秦汉墓群中第五号汉墓出土的一幅纸质地图，为随葬品，年代在西汉文景时期（前 176—前 141），据发掘简报称："纸面平整光滑，用细黑线条绘制山、河流、道路等图形，绘法接近长沙马王堆（三号）汉墓出土的帛画。残长 5.6 厘米、宽 2.6 厘米。"[1]

工匠们因日常生活所需，把丝加工技术转移到麻加工中的过程，从而完成了丝麻工艺的结合，发明了造纸技术。纸一旦被发明出来，由于其轻便、价廉，有足够的强度，又能展开横向书写，所以很快就受到文人和统治者的重视。[2]

[1] 甘肃省文物考古研究所、天水市北道区文化馆《甘肃天水放马滩战国秦汉墓群的发掘》，《文物》1989 年第 2 期，第 9 页。

[2] 刘青峰、金观涛《从造纸术的发明看古代重大技术发明的一般模式》，《大自然探索》1985 年第 1 期，第 168 页。

公元前 168 年　癸酉
西汉文帝十二年

长沙国丞相轪侯利苍与其子、妻葬于湖南长沙市郊马王堆。长沙马王堆一号汉墓出土了精细苎麻布，经检验分析，纤维上残留胶质甚少，大多数纤维几乎呈单根分离状态。

1972 年，在长沙马王堆二、三号汉墓中出土帛画、帛书 20 多种。马王堆三号墓出土 3 幅绘在帛上的地图：地形图、驻军图、城邑图。[3]

[3] 马王堆汉墓帛书整理小组《长江马王堆三号汉墓出土地形图的整理》，《古地图论文集》，文物出版社，1975 年，第 1 页。

马王堆一号汉墓出土的纺织品品种之多、数量之大、保存之完整，在历次考古发掘中十分少见。其中一号墓出土纺织品 100 多件，有丝织服装、鞋袜、手套等一系列服饰以及整幅的或已裁开不成幅的丝绸和一些杂用丝织物，计有素绢绵袍、绣花绢绵袍、朱红罗绮绵袍、泥金彩地纱丝绵袍、黄地素绿绣花袍、红菱纹罗绣花袍、素菱罗袍、泥银黄地纱袍、绛绢袍、素绢袍、素罗手套、丝鞋、丝头巾、锦绣枕、绣花香囊、彩绘丝带、素绢包袱等多种。这些丝织物，品种有纱、绢、罗、绮、锦、绣等；织物纹样有云气纹、鸟兽纹、菱形几何纹、人物狩猎纹、文字图案等；颜色有 20 余种色泽，几乎包括了我们目前了解的汉代丝织品的绝大部分，充分展示了汉代初期纺织技术所达到的水平。[1]

[1] 上海市纺织科学研究院、上海市丝绸工业公司文物研究组《长沙马王堆一号汉墓出土纺织品的研究》，文物出版社，1980 年，第 1 至 116 页。

公元前 167 年　甲戌
西汉文帝十三年

1975 年，湖北江陵北郊楚纪南城一六七号和一六八号西汉墓各出土毛笔 1 支。其中一六八号墓根据出土简牍记载，该墓主人名遂，下葬于汉文帝十三年（前 167），生前为管理南郡财政的郡丞，爵位至五大夫。出土时，笔装于竹套中，在笔套的两端和镂空处，有朱绘纹饰。伴随出土的还有砚、墨、削刀和牍等同置于竹笥内。现藏荆州博物馆。[2]

湖北江陵西汉墓棺内出土的麻，已用石灰等碱性物质脱胶，发掘报告称“呈黄白色，类似丝绵，拉力强度大”[3]。经金属光谱分析证实是经煮练脱胶的，其纤维分离程度也良好。

[2] 纪南城凤凰山一六八号汉墓发掘整理小组《湖北江陵凤凰山一六八号汉墓发掘简报》，《文物》1975 年第 9 期，第 4 页。

[3] 同上，第 6 页。

公元前 140 至前 87 年
西汉武帝时期

1957 年，在陕西省西安市灞桥砖瓦厂西汉墓清理文物时，发现出土的青铜镜下粘有麻布，布下有数层粘在一起的纸，遂将纸揭下，但已裂成碎片，较大一片为 8 厘米 ×12 厘米。布与纸均有铜锈绿斑。因在灞桥发现，命名为“灞桥纸”。发掘简报指出，这个墓葬不会晚于西汉武帝（前 140—前 87 在位）。1965 年，在四川大学生物系的协助下，潘吉星团队对灞桥纸作了严密的显微分析，断定其主要原料含大量大麻和少量苎麻。[1]

[1] 潘吉星《中国造纸技术史稿》，文物出版社，1997 年，第 166 页。

公元前 135 年　丙午
西汉武帝建元六年

根据韩婴（约前 200 —前 130）《韩诗外传》和董仲舒（前 197 —前 104）《春秋繁露》卷十："卵待覆而为雏，茧待缫而为丝。"[2]可以肯定至迟这个时期沸水煮茧的方法已得到普遍应用。

[2] 董仲舒撰，张世亮等译注《春秋繁露》，中华书局，2012 年，第 380 至 381 页。

公元前 134 年　丁未
西汉武帝元光元年

银雀山西汉墓出土的一块帛画上绘有一名妇女在操作纺车。[3]

[3] 赵承泽《中国科学技术史·纺织卷》，科学出版社，2003 年，第 162 页。

公元前 122 年　己未
西汉武帝元狩元年

《汉书·淮南王传》："按舆地图，部署兵所从入。"[4]表明当时已经使用绘制的地图进行军事部署。

[4] 班固著，颜师古注《汉书》，中华书局，1962 年，第 2149 页。

公元前119年　壬戌
西汉武帝元狩四年

冬，以白鹿皮造币，以银锡造为白金三品。见《史记·孝武本纪》：“其后，天子苑有白鹿，以其皮为币，以发瑞应，造白金焉。”[1]《汉书·食货志下》：“上与汤既造白鹿皮币，问异。异曰：‘今王侯朝贺以仓璧，直数千，而其皮荐反四十万，本末不相称。’天子不说。”[2]

[1] 司马迁《史记》，中华书局，1982年，第457页。

[2] 班固著，颜师古注《汉书》，中华书局，1962年，第1168页。

公元前113年　戊辰
西汉武帝元鼎四年

满城刘胜之妻窦绾墓中有制作精细的错金铁尺一把，尺两面中间部分均有错金流云纹饰并发错金小点表示尺星。此尺在3、5、7、9各寸内刻有奇数等分线纹。据测试，每寸平均值合23.2毫米，分度值精度已达到毫米。[3]该尺现藏中国社会科学院考古研究所。

[3] 丘光明、邱隆、杨平《中国科学技术史·度量衡卷》，科学出版社，2001年，第200至201页。

公元前107年　甲戌
西汉武帝元封四年

官府访求到民间的输帛500余万匹（合2400万平方米），而当时全国人口至多不过五六千万，由此可知当时纺织生产之发达。

公元前 102 年　己卯
西汉武帝太初三年

使强弩都尉路博德筑城障于居延泽（现内蒙古额济纳旗东南）旁。现代出土的居延汉简是此年后屯戍居延城的官方木简文书的遗存。居延汉简最早的纪年简为武帝太初三年（前 102），最晚者为东汉建武七年（31）。[1]

1931 年，斯文·赫定（Sven Hedin，1865—1952）、沃尔克·贝格曼（Folke Bergman，1902—1946）、黄文弼（1893—1966）等组成的中国西北科学考察团在内蒙古额济纳旗汉代居延边塞遗址中“发现（万枚以上）汉代木简，其中杂有一笔，完好如初”，年代为东汉初期，制法是“笔管以木为之，析而为四，纳笔头于其本”。次年，马衡（1881—1955）在北京大学《国学季刊》上发表《记汉居延笔》，将其定名为“汉居延笔”。现藏台北“中央研究院”历史语言研究所。[2]

居延汉简中，有一些伤病吏卒名籍，它们记述了每一个患病者的症状及医疗过程。居延汉简的药物，可分为植物、动物、矿物和其他如酒等四大类，药物剂型有汤、丸、膏、散、滴等，以“分”为计量单位。[3]

[1] 参见中国社会科学院考古研究所《居延汉简·甲乙篇》，中华书局，1980 年。

[2] 参见王学雷《古笔》，中华书局，2022 年，第 16 至 24 页。

[3] 赵宇明、刘海波、刘掌印《〈居延汉简甲乙编〉中医药史料》，《中华医史杂志》1994 年第 3 期，第 165 页。

公元前 99 年　壬午
西汉武帝天汉二年

据《汉书·李广传·附李陵传》，李陵（？—前 74）率队出击匈奴，从居延北行 30 天，至浚稽山（现图拉尔河与鄂尔浑河之间）而止。他把途中所见的山川地形绘制成图，并复制一份呈献汉武帝。

公元前 91 年　庚寅
西汉武帝征和二年

汉武帝染病，卫太子刘据（前 128 —前 91）以纸掩鼻前往探视。见虞世南《北堂书钞》引《三辅故事》：“卫太子大鼻。武帝病，太子入省。江充曰：‘上恶大鼻，当持纸蔽其鼻而入。’帝怒。”[1]

[1] 虞世南《北堂书钞》，卷一百四，钦定四库全书本。

公元前 90 年　辛卯
西汉武帝征和三年

司马迁卒。

《史记 · 货殖列传》：“齐带山海，膏壤千里，宜桑麻，人民多文彩布帛鱼盐。”[2]

《史记 · 货殖列传》：“其帛絮细布千钧，文采千匹，榻布皮革千石。”[3] 据凌纯声考证认为，中国古代的榻布、荅布等，为日本的栲布 tahu 或 tahe，与今太平洋区的南岛语中的 tapa，同是以树皮打成之布。而中国早期树皮布的原料可能主要是楮（穀）树皮或桑树皮。根据调查，山东一带的某种桑树皮纤维存在天然的经纬交织状态。[4]

[2] 司马迁《史记》，中华书局，1982 年，第 3265 页。

[3] 同上，第 3274 页。

[4] 凌纯声《中国古代的树皮布文化与造纸术发明》，《树皮布印文陶与造纸印刷术发明》，“中央研究院”民族学研究所，1963 年，第 2 至 11 页。

公元前 89 至前 49 年
西汉昭帝宣帝时期

1933 年，黄文弼在新疆罗布淖尔汉代烽燧亭遗址发掘出一片古纸，发掘报告称："麻纸：麻质，白色，做方块薄片，四周不完整。长约 40 毫米，宽约 100 毫米。质甚粗糙，不匀净，纸面尚存麻筋。盖为初造纸时所作，故不精细也。按：此纸出罗布淖尔古烽燧亭中，同时出土者有黄龙元年（前 49）之木简，为汉宣帝年号，则此纸亦当为西汉故物也。"[1]

[1] 黄文弼《罗布淖尔考古记》，广西师范大学出版社，2023 年，第 222 页。

1942 年，劳榦（1907—2003）博士和石璋如（1902—2004）先生在甘肃省额济纳河东岸查科尔帖汉烽燧遗址发现的查科尔帖纸，纸上有文字 8 行，共 50 字，可辨认出 20 字，系一封关于兵器转运事宜的公事书信，劳榦博士认为居延纸（查科尔帖纸）的年代"下限可以到永元（89—105），上限还是可以溯至昭、宣（前 89 一前 49）"[2]，该纸现存台北历史语言所。

[2] 潘吉星《中国科学技术史·造纸与印刷卷》，科学出版社，1998 年，第 48 页。

1973 年，甘肃省长城考古队在甘肃额济纳河东岸汉代肩水金关军事哨所遗址考古发掘中清理出纪年木简、绢、麻布、笔砚和麻纸等物。出土古纸两片，一号纸（原编号 EJT1：11）出于原居住区房内，已揉成团，白色，展平后为 21 厘米 ×19 厘米，同出木牍多属昭帝宣帝时期，最晚为宣帝甘露二年（前 52），纸薄而匀。二号纸（原编号 EJT30：3）出于居住区东侧第 30 号探方，暗黄色，长宽为 11.5 厘米 ×9 厘米，较粗糙，含麻筋、线头和碎麻布块，较稀松，土层属于建平元年（前 6）。[3]

[3] 同上，第 50 至 51 页。

公元前 87 年　甲午
西汉武帝后元二年

《尔雅》成书，此书是中国最早训释词意的专著。

《尔雅·释器》："一染谓之縓，再染谓之赪，三染谓之纁。青谓之葱，黑谓之黝。"[4] 表明当时已出现利用植物染料进行套染的方法。

[4] 郭璞注《尔雅》，中华书局，2020 年，第 109 页。

公元前 73 至公元 6 年
西汉宣帝至平帝时期

1978 年，在陕西扶风太白乡中颜村发现一处汉代文化层建筑遗址，在清理窖藏陶罐内文物时，发现铜泡中填塞有古纸，揉成团状，最大一片为 6.8 厘米 ×7.2 厘米，称为“中颜纸”。经出土文物鉴定，遗址年代下限为平帝时期，上限为宣帝时期。[1]

1979 年，在甘肃敦煌西北马圈湾西汉屯戍遗址考古发掘中，出土文物包括丝毛织物、印章、尺、笔砚、麻纸及木简。麻纸共 5 组 8 件，均已揉皱。其中纸Ⅰ（原编号 T12：47），黄色，较粗糙，32 厘米 ×20 厘米，四边清晰，是迄今所见最完整的一张汉代纸。同土层出土的纪年木简最早为宣帝元康（前 65—前 62），最晚为甘露（前 53—前 50）。纸Ⅱ（原编号 T10：06）及纸Ⅲ（T9：26）共 4 片，颜色被污染为土黄色，质地较细。同一探访出土纪年木简多为成帝、哀帝、平帝时期（前 32—6）。纸Ⅳ（原编号 T12：18）共 2 片，白色，质地好，同一地层出土纪年木简为新莽时期（9—23）。[2]

甘肃敦煌马圈湾汉代烽燧遗址出土西汉简中出现“赤蹏”：“正月十六日因檄检下赤蹏与史长仲赍己部掾为记□檄检下（974）。”裘锡圭指出“赤蹏”就是传世文献中的“赫蹏”。[3] 敦煌马圈湾还出土毛笔 1 支，伴随出土的还有石砚。现藏甘肃省考古研究所。[4]

1990 至 1991 年间，在甘肃敦煌东北悬泉置汉代邮驿遗址出土了大批文物，出土简牍 21000 余枚。形制有简、牍、觚、封检、削衣等。纪年简最早是武帝太始三年（前 94），最晚为和帝永元十三年（101）。其中以宣帝、元帝、成帝简最多。出土遗物还包括铜、铁、漆、木、骨、革、丝、麻、纸、毛和粮食等 16 大类，共计 3250 余件。

悬泉置遗址共划分 6 个区域，布方 483 个，实际发掘 187 个，出土麻纸 550 件，大多为残片。这是目前汉代麻纸发现数量最多的一次，而且都有明确的出土层位关系，为汉代麻纸的起源、发展、演变规律和造纸技术以及用途等问题的研究，提供了翔实的资料。[5]

[1] 潘吉星《中国科学技术史·造纸与印刷卷》，科学出版社，1998 年，第 51 至 52 页。

[2] 同上，第 52 页。

[3] 郭伟涛、马晓稳《中国古代造纸术起源新探》，《历史研究》2023 年第 4 期，第 166 页。

[4] 王学雷《古笔》，中华书局，2022 年，第 161 页。

[5] 参见甘肃省文物考古研究所、甘肃简牍博物馆、敦煌市博物馆《敦煌悬泉置遗址：1990—1992 年田野发掘报告》，文物出版社，2023 年，第 157 至 158 页。

通过悬泉地层的科学划分及同层位纪年简的佐证，悬泉置最早应在西汉时期。《敦煌悬泉置遗址：1990—1992 年田野发掘报告》续表 30《悬泉置遗址出土麻纸现状描述表》中有 186 件出土纸均为西汉时期，由此可以确定悬泉纸早于东汉蔡伦改进纸张。

悬泉置遗址出土纸书 12 件。均为麻纸残片，表面有墨书文字，文字多寡不一，但非正规的文献或簿籍，亦无纪年。纸色有灰、黄、白、褐四种；纸质有软、硬两种；用途有书写、包装两类；文字内容有书信、文书、物名三类；时代有东汉晚期、西汉中晚期两大阶段，可细分为东汉晚期。西汉成帝、元帝及西汉宣帝三个时期。这些纸书的出现，反映了当时造纸业的发达，说明当时在大量使用竹木简牍的同时，纸张也走上了书案。[1] 证明在西汉时期纸已作为书写工具在西北边郡地区被广泛使用。

悬泉置遗址共出土毛笔与笔套 6 件。其中毛笔 5 支、笔套 1 件。其中标本 T0103 ④ :1，竹杆狼毫。圆杆，头部较粗，尾部较细，尾部有凸榫，系安装柄尾处，柄尾不存。笔锋嵌入笔管内 1 厘米，用胶黏固，外部用细丝线缠绕捆扎，并髹黑漆，有使用痕迹，保存较好，有弹性。笔杆中段（阴）刻有“张氏”（隶书）二字。杆径（镶锋口）0.7 厘米、通长 24.5 厘米、杆长 22.3 厘米、锋长 2.2 厘米，为目前所见最早在笔杆刻字的毛笔实物。[2] 现藏甘肃省考古研究所。

分析表明，真正的造纸术发明，必须经过非书写用途的中介物阶段，很可能西汉纸就是处于这种过渡状态。[3]

[1] 参见甘肃省文物考古研究所、甘肃简牍博物馆、敦煌市博物馆《敦煌悬泉置遗址：1990—1992 年田野发掘报告》，文物出版社，2023 年，第 198 至 199 页。

[2] 甘肃省文物考古研究所《甘肃敦煌汉代悬泉置遗址发掘简报》，《文物》2000 年第 5 期，第 15 页。

[3] 刘青峰、金观涛《从造纸术的发明看古代重大技术发明的一般模式》，《大自然探索》1985 年第 1 期，第 163 至 170 页。

公元前 48 至公元 33 年
西汉元帝时期

齐郡临淄专为皇室制作绮绣、冰纨、方空縠、吹絮纶等精细丝织品的“三服官”扩至织工数千人，每年费钱数巨万。[4]

[4] 赵承泽《中国科学技术史·纺织卷》，科学出版社，2003 年，第 27 页。

公元前 44 年　丁丑
西汉元帝初元五年

[1] 赵承泽《中国科学技术史·纺织卷》，科学出版社，2003 年，第 111 页。

罗马占领叙利亚，西汉丝绸织物大量转运销往罗马。据罗马自然学家普林尼（Gaius Plinius Secundus，23—79）《自然史》记载，当时罗马贵族争相穿着用中国丝绸裁成的衣服，以为时尚。[1]

公元前 40 年　辛巳
西汉元帝永光四年

[2] 庾信撰，倪璠注《庾子山集注》，中华书局，1980 年，第 1024 页。

《古今注》：“东莱郡东牟山，有野蚕为茧。茧生蛾，蛾生卵。卵著不收，得万余石。民以为蚕絮。”[2]

公元前 36 年　乙酉
西汉元帝建昭三年

[3] 唐锡仁、杨文衡《中国科学技术史·地学卷》，科学出版社，2000 年，第 182 至 185 页。

西域副校尉甘延寿（? —前 25）远征康居，直抵郅支城（现江布尔），并带回一些匈奴国的地图。[3]

公元前 32 至前 7 年
西汉成帝时期

氾胜之著《氾胜之书》。这是我国已知最古老的一部农书，书中记载了大麻纤维脱胶质量与气候、水温之间的关系。见元代司农司《农桑辑要》卷二：“《氾胜之书》曰：种枲，太早则刚坚、厚皮、多节；晚则皮不坚。宁失于早，不失于晚。夏至后二十日沤枲，枲和如丝。”[1]

[1] 司农司编，石声汉校注《农桑辑要校注》，中华书局，2014 年，第 49 页。

公元前 30 年　辛卯
西汉成帝建始三年

古罗马人控制古埃及，法老的统治逐渐式微，莎草纸造纸产业转为被罗马帝国所掌控，埃及开始为整个帝国供应莎草纸卷和纸张。[2]

[2] 【美】约翰·高德特著，陈阳译《法老的宝藏：莎草纸与西方文明的兴起》，社会科学文献出版社，2020 年，第 25 页。

公元前 12 年　己酉
西汉成帝元延元年

东汉班固（32—92）《汉书·外戚列传·孝成赵皇后传》：“客复持诏，记封如前，予武。中有封小绿箧，记曰：‘告武，以箧中物、书予狱中妇人。武自临饮之。’武发箧，中有裹药二枚，赫蹏书曰：‘告伟能努力饮此药，不可复入，女自知之。’”[3] 苏易简（958—996）《文房四谱·纸谱》“二之造”：“汉初已有幡纸代简。成

[3] 班固著，颜师古注《汉书》，中华书局，1962 年，第 3991 页。

帝时有赫蹄书诏。应劭曰：‘赫蹄，薄小纸也。’”[1]明代周祈《名义考》“纸”：“史绳祖引赵飞燕赫蹄书，注：赫蹄，小纸也。谓纸已见于前汉，其辨似是，而亦未烛其原。按《说文》：纸，丝滓也。以丝缫余絮为纸，以是为书，谓之帛书，非真缣帛也。”[2]明代陈文耀（1573—1619）《天中记》卷三十八：“（曹魏）孟康曰：‘蹄，犹地也。染纸素令赤而书之。若今黄纸也。’”[3]

[1] 苏易简《文房四谱·纸谱》，中华书局，2011年，第196页。

[2] 张小庄、陈期凡《明代笔记日记绘画史料汇编》，上海书画出版社，2019年，第178页。

[3] 陈文耀《天中记》，钦定四库全书本。

公元前10年　辛亥
西汉成帝元延三年

1993年，在江苏连云港尹湾六号汉墓出土木质毛笔2支。该墓主人师饶，字君兄，在东海郡为掾、史，下葬于西汉成帝元延三年（前10）。[4]现藏连云港市博物馆。

[4] 连云港市博物馆《江苏东海县尹湾汉墓群发掘简报》，《文物》1996年第8期，第4至24页。

附：西汉时期　未明确纪年

汉初，封建诸侯有时按地图划分势力范围。地方政府须向中央进献地图。见《史记·三王世家》：“高皇帝建天下，为汉太祖，王子孙，广支辅。先帝法则弗改，所以宣至尊也。臣请令史官择吉日，具礼仪上，御史奏舆地图，他皆如前故事。制曰：‘可。’”[5]这种规制被后世所沿用。当时受到简牍形制的制约，推测可能是大量使用缣帛来满足绘图的尺寸要求，后来纸的出现逐渐取代昂贵的缣帛，从而实现官府对绘图的政令要求。民间则比官府更早发现纸张的适用性，甘肃放马滩出土的纸质地图为最早的实证。

[5] 司马迁《史记》，中华书局，1982年，第2110页。

南宋王观国《学林》卷四：“版，以木为之。《周礼·小宰》：听闾里以版图。《司书》掌邦中之版、土地之图；《司会》掌版图之贰；《内宰》掌书版图之法，而《大胥》掌学士之版。盖版以记户籍，图以记土地。《论语》曰‘式负版者’，谓民数书于版者。”[1]

秘府，宫廷中收藏图书典籍之处。西汉有兰台秘书及麒麟、天禄二阁，东汉有东观，皆藏图籍，以此统称。见刘珍（？—约126）撰《东观汉记》：“盖东汉初，著述在兰台，至章和以后，图籍盛于东观，修史者皆在是焉，故以名书。”[2]

秦汉大一统帝国的建立给书写材料的需求结构带来两个根本性变化：一个是实用绘图在整个需求中已不再处于从属地位，它巨大的需求量是原有书写材料所不能满足的；第二个变化是应用文需求直接动摇了原先那种用竹简就可以基本适应记录文字需求的局面。[3]

1976 年，在广西贵港罗泊湾 1 号墓出土木尺 2 支、竹尺 1 支。其中表面有髹黑漆木尺，长 23 厘米，正面刻十寸，未刻分。年代为西汉早期，现藏广西壮族自治区博物馆。[4]

1978 年，在山东临沂金雀山西汉周氏墓群十一号墓，出土毛笔 1 支。出土时装于竹套内，上有黑墨残渣。[5]

1985 年，在江苏连云港西郭宝墓出土毛笔 1 支。年代为西汉中晚期，笔毛为兔毫，杆为木质，制法是在笔杆上端打一眼洞，垂直锯开，四分其木。以丝线缠缚，用大漆黏固成黑色。配有髹漆笔套，上有朱红色横断纹装饰。[6]

1995 年，在江苏连云港网疃西汉墓出土毛笔残件 2 支。[7]

1991 年，在甘肃敦煌西湖汉代高望烽燧遗址出土毛笔 1 支。现藏敦煌市博物馆。[8]

[1] 王观国《学林》，大象出版社，2019 年，第 158 页。

[2] 刘珍等撰，吴树平校注《东观汉记校注》，中华书局，2008 年，第 940 页。

[3] 刘青峰、金观涛《从造纸术的发明看古代重大技术发明的一般模式》，《大自然探索》1985 年第 1 期，第 165 页。

[4] 广西壮族自治区文物工作队《广西贵县罗泊湾一号墓发掘简报》，《文物》1978 年第 9 期，第 30 页。

[5] 临沂市博物馆《山东临沂金雀山周氏墓群发掘简报》，《文物》1984 年第 11 期，第 54 页。

[6] 连云港市博物馆《连云港市陶湾黄石崖西汉西郭宝墓》，《东南文化》1986 年第 2 期，第 20 至 21 页。

[7] 参见石雪万《连云港地区出土的汉代“文房四宝”》，《书法丛刊》1997 年第 4 期；王学雷《古笔》，中华书局，2022 年，第 160 页。

[8] 王学雷《古笔》，中华书局，2022 年，第 162 页。

新莽时期

公元 9 年　己巳
王莽始建国元年

[1] 丘光明《中国历代度量衡考》，科学出版社，1992 年，第 20 页。

正月，制作新莽铜卡尺。现存 2 支，其一，藏于中国国家博物馆，通长 15.2 厘米，卡爪 6.2 厘米；另一，则藏于北京市艺术博物馆。[1]

2017 年山东省邹城市邾国古城遗址出土 8 件新莽度量衡青铜器，这批铜器包括诏版 2 件、货版 1 件、衡杆 1 件、环权 4 件。器物上刻有汉代标准小篆铭文，总计 364 字。现藏邹城市博物馆。

公元 17 年　丁丑
新莽天凤四年

[2] 张国淦《中国古方志考》，中华书局，1962 年，第 48 页。

王莽（前 45—23）编撰《地理图簿》，记载九州、125 郡、2203 县的地理情况。[2]

附：新莽时期　未明确纪年

1990 年，甘肃省敦煌市悬泉置汉代（邮驿）遗址发现的残纸中有 1 件属新莽时期，残存约 30 字，书体介于隶、楷之间。

东汉时期

公元 25 至 57 年
东汉光武帝时期

桓谭（约前 23—56）在其著作《新论》中记载两汉时期中国已经广泛利用畜力和水力制造动力装置来辅助生产生活，如脚碓、水碓等，以解放人力，提高生产效率。见《太平御览》引桓谭《新论·离车第十一》："宓牺（伏羲）之制杵臼，万民以济。及后人加巧，因延力借身重以践碓，而利十倍；杵臼又复设机关，用驴骡、牛马及役水而舂，其利乃且百倍。"[1]

建武初，"野蚕、谷充给百姓"，反映野蚕产量很大，且东汉时可能已采用人工放养野蚕的做法。[2]

光武帝刘秀（前 5—57）为表彰乡里之盛，始诏南阳，撰作风俗。此为现知中国官方修方志的最早记载。[3]

[1] 李昉《太平御览》卷八百二十九，中华书局，1960 年，第 3699b 页。

[2] 赵承泽《中国科学技术史·纺织卷》，科学出版社，2003 年，第 127 页。

[3] 《中国大百科全书·地理学》，中国大百科全书出版社，2002 年，第 134 页。

公元 29 年　己丑
东汉光武帝建武五年

在洛阳城东南开阳门外（遗址位于偃师佃庄乡太学村）建造中国古代传授儒家经典的最高学府太学，以后屡经扩建，至顺帝时达到空前规模，有房屋 1850 间，汉质帝时（146）太学生多达 3 万。

公元 58 至 75 年
东汉明帝时期

[1] 刘昭民《中华地质学史》，台湾商务印书馆，1985 年，第 79 页。

刘珍《东观汉记 · 地理志》记载了石灰岩地形，表明东汉时中国古人就掌握了勘探和采掘石灰矿的技术。[1]

公元 67 年　丁卯
东汉明帝永平十年

佛教传入中国。明帝遣蔡愔、蔡景赴西域求佛经，在月支（今新疆伊犁地区及迤西一带）遇见来自天竺（今印度）的迦叶摩腾和竺法兰二僧，便迎入中国，并用白马参载佛经、佛像同至洛阳，舍于鸿胪寺，进为永平十年。次年，即于鸿胪寺旧地（今洛阳东郊）建佛寺，以“白马”为名，白马寺是佛教传入中国后由官府营建的第一座佛教寺院。此后“寺”相沿成为僧院的泛称。[2]

[2] 徐金星《洛阳白马寺》，《文物》1981 年第 6 期，第 88 页。

[3] 荣新江《纸对丝路文明交往的意义》，《中国史研究》2019 年 第 1 期， 第 177 至 178 页。

早期印度（含西北印度）、中亚等地的佛典是以桦树皮为主要的物质载体。目前所见最早的佛教典籍，是英国国家图书馆所藏在阿富汗发现的公元 1 世纪前半用佉卢文犍陀罗语书写的佛经和偈颂类经典，都是用桦树皮写成。[3]

古印度僧侣已开始使用铁笔在贝多罗树叶上刻写佛教经文，称为“贝叶经”。公元 1 至 10 世纪，古印度佛教徒携带大批写有经、律、论三藏的贝叶经前往中亚，中国的新疆、西藏以及尼泊尔等地弘扬佛教。

公元 76 至 88 年
东汉章帝时期

杨孚撰《异物志》成，又称《南裔异物志》，主要记述岭南地区的风俗、物产和民族等。其中记载：“茎如芋，取濩而煮之，则如丝，可纺绩……今交阯葛也。”说明广东、广西一带至迟在汉代已经开始利用蕉类植物的茎皮纤维进行纺织。还记载交、广二州的木棉：“其树高大，其实如酒杯，皮薄，中有如丝绵者，色正白。”以及记载了云南地区生产棉布。[1]

[1] 赵承泽《中国科学技术史·纺织卷》，科学出版社，2003 年，第 136、148 页。

公元 76 年　丙子
东汉章帝建初元年

南朝宋范晔《后汉书·贾逵传》：“令逵自选《公羊》严、颜诸生高才者二十人，教以《左氏》。与简、纸、经、传各一通。”[2]

[2] 范晔撰，李贤等注《后汉书》，中华书局，1965 年，第 1239 页。

公元 105 年　乙巳
东汉和帝永元十七年　元兴元年

蔡伦（约 61—121）对造纸术做出重大改进，使它成为一种真正实用的技术。见《后汉书·蔡伦传》：“蔡伦，字敬仲，桂阳人也。以永平末，始给事宫掖。建初中，为小黄门。及和帝即位，转中常侍，豫参帷幄。伦有才学，尽心敦慎，数犯严颜，匡弼得失。每至休沐，辄闭门绝宾，暴体田野。后加位尚方令。永元九年，监作秘剑及诸器械，莫不精工坚密，为后世法。自古书契多编以竹简，其用缣帛者，谓之为纸。缣贵而简重，并不便于人。伦乃造意用树肤、麻头及敝布、鱼网以为纸。元兴元年，奏上之，帝善其能，自是莫不从用焉，故天下咸称‘蔡侯纸’。元初元年，邓太后以伦久宿卫，封为龙亭侯，邑三百户。后为长乐太仆。四年，帝以经传之文多不正定，乃选通儒谒者刘珍及博士良史诣东观，各雠校汉家法。令伦监典其事。伦初受窦后讽旨，诬陷安帝祖母宋贵人。及太后崩，安帝始亲万机，敕使自致廷尉，伦耻受辱，乃沐浴整衣冠，饮药而死，国除。”[1]

[1] 范晔撰，李贤等注《后汉书》，中华书局，1965 年，第 2513 页。

纸的发明经历了一个自下而上、由下层匠人到被官方重视的过程，它最初产生于下层文化程度不高的百姓工匠，后来慢慢扩大到整个社会，又被文人和国家封建官员所采用，蔡伦就是实现这种历史作用的代表人物。[2]

[2] 刘青峰、金观涛《从造纸术的发明看古代重大技术发明的一般模式》，《大自然探索》1985 年第 1 期，第 169 页。

南宋王观国《学林》卷四：“古未有纸，故简牍以竹或木为之。其谬误则以刀削之，故刀笔吏者持刀笔以自随，乃俗吏之所为也。至后世，则或以缣帛写书，故纸字从糸，帋字从巾，皆以缣帛为之。至蔡伦，乃用木肤、麻头、敝巾、鱼网以为纸，自是天下从用焉。”[3]

曹魏董巴《大汉舆服志》：“东京有蔡侯纸，即伦也。用故麻名麻纸，木皮名榖纸，用故鱼网作纸，名网纸也。”[4]

[3] 王观国《学林》，大象出版社，2019 年，第 158 至 159 页。

[4] 李昉《太平御览》卷六百五，中华书局，1960 年，第 2724a 页。

公元 107 年　丁未
东汉安帝永初元年

刘珍《东观汉记》卷六“和熹邓皇后”条：“（永初元年）万国贡献，竟求珍丽之物，自后即位，悉令禁绝。岁时，但贡纸、墨而已。”[5]

[5] 刘珍等撰，吴树平校注《东观汉记校注》，中华书局，2008 年，第 209 页。

公元111年　辛亥
东汉安帝永初五年

2010年，在湖南长沙五一广场地铁工地出土了一批东汉简牍，约万枚。该批简牍形制多样，内容丰富，涉及当时政治、经济、法律、军事等诸多领域，大多属公文类文书。该处为东汉时期长沙郡府衙所在地。年代为东汉中期，纪年有“章和”“永元”“元兴”“延平”“永初”，其中最早的为东汉和帝永元二年（90），最晚的为东汉安帝永初五年（111）。

《长沙五一广场东汉简牍》2010编号CWJ1：263—11的木两行记载：“贵，汝何从得纸？贵曰：我于空笼中得之。初疑贵盗客物，即于寿比笼瘦（搜）索，见壁后有缯物。初问贵是何等缯。贵曰：不知。初曰：汝见持缯纸，素言不知？即收缚贵，付。”[1]

[1] 长沙市文物考古研究所、清华大学出土文献研究与保护中心、中国文化遗产研究院《长沙五一广场东汉简牍选释》，中西书局，2015年，第223页。

公元121年　辛酉
东汉安帝永宁二年　建光元年

蔡伦饮药而死，葬于封地汉中龙亭。

许慎（约58—147）著《说文解字》成，是我国第一部系统分析字形、考究字源的工具书。书中曰：“纸，絮一苫也。从糸、氏声。”“絮，敝绵也。从糸、如声。”“缊，绋也。”“绋，乱系也。”[2] 段玉裁注：绵者，联微也，因以为絮之称，敝者，败衣也，因以为熟之称，敝绵，熟绵也。是之谓絮。凡絮必丝为之，古无今之木绵也。宋戴侗撰《六书故》卷三十载：“纸，《说文》曰絮。纸一字，盖以丝滓败絮合而为之。后汉蔡伦始以败网、杂树肤为纸，以代简牍。今人以楮皮为之。”[3]“絮，絣澼始成。而轻毳为纩，绵忍为绵，杂碎为絮，缊著为缊。”[4] 表明当时的“纸”源自丝质物的漂絮工艺。

[2] 许慎撰，陶生魁点校《说文解字点校本》，中华书局，2020年，第434至435页。

[3] 戴侗《六书故》卷三十，钦定四库全书本。

[4] 同上。

而书中未见“帋”字，表明当时未区分丝质原料的“纸”和麻质（植物纤维类）原料的“帋”。

公元159年　己亥
东汉桓帝延熹二年

始置秘书监，掌典图书及古今文字，考合同异。见《后汉书·桓帝纪第七》：“（延熹二年）初置秘书监官。”[1]

《后汉书·百官三》：“尚书六人，六百石……左右丞各一人，四百石。本注曰：掌录文书期会。左丞主吏民章报及驺伯史。右丞假署印绶，及纸笔墨诸材用库藏。”又“守宫令一人，六百石。本注曰：主御纸笔墨，及尚书财用诸物及封泥”。[2]

[1] 范晔撰，李贤等注《后汉书》，中华书局，1965年，第306页。

[2] 同上，第3597、3592页。

公元175年　乙卯
东汉灵帝熹平四年

熹平石经刊刻。蔡邕（133—192）等联名上书东汉灵帝，建议将儒家经文刊刻成石，供学官正定校勘，作为向太学生讲授的标准经本。从东汉熹平四年（175）至光和六年（183），历时九年，共刻成《鲁诗》《尚书》《周易》《春秋》《春秋公羊传》《仪礼》《论语》，凡7部经书，计64石，20910字，原立于东汉雒南城南郊太学（今河南省偃师区佃庄乡），世称“熹平石经”。《熹平石经》是中国历史上最早由官府颁定的儒家经本刻石，创以刻石方式向读书人公布儒家经典著作的标准文本之先例。现残存于世的《熹平石经》46石，分藏于中国国家博物馆、洛阳博物馆、西安碑林博物馆等处。

公元 181 年　辛酉
东汉灵帝光和四年

2011 至 2012 年间，在湖南长沙尚德街工地考古发掘出一批木质简牍，有字者 171 枚，内容包括诏书律令、官府公文、杂账、名簿、药方、私人书信等。年代为东汉中晚期至三国孙吴早中期，有确切纪年的简牍仅两枚，分别为“熹平二年（173）七月十七日”“光和四年（181）十一月廿八日”，均为东汉灵帝年号。简牍中出现“帋”的记载，如木牍 101 背面载“帋五十枚，百七十五”。木牍 198 正面载“十二月六日□□蔡……”；背面载“蔡□□□千六百六十”。有学者指出：“‘蔡’后一未释字当是‘矦’，即‘侯’。其下一未释字疑是‘帋’，即‘纸’。如此，简牍文献似首见‘蔡矦帋’记载。”[1] 表明此时为区分丝质和麻质抄制的纸张，而已派生出“帋”字。

元代黄公绍编、熊忠举要《古今韵会举要》卷十一：“纸。掌氏切，次商清音。《说文》：絮一苫也。从糸，氏声。古人书于帛，故裁，其边幅如絮之一苫。《释名》云：砥也。平滑如砥。一说古以捣絮。后汉和帝时，蔡伦，字敬仲，始用树肤及敝布、鱼网为之。天下咸谓‘蔡侯纸’。又后人以生布作纸，丝縰如故，名麻纸；以穀树木皮作纸，名穀纸，亦曰楮。又姓，《后魏书·官氏志》云：禹后改纸氏，或作帋。《初学记》曰：古者以缣帛，依书长短随事截之，名幡。纸字，从糸。后锉故布捣抄，故从巾。”[2] 表明蔡伦用树肤、麻头、敝布及鱼网以为纸，始用“帋”字。

专字“帋”被创造出来后，相当长时间内，人们都用这个新字表示纸张。如江西南昌西晋吴应墓出土衣物疏记载“帋一百枚”，与书箱、书砚、笔墨等并列。又如武威旱滩坡前凉墓 M19 男棺升平十三年（369）衣物疏，记载“故帋三百张”，与“故杂黄卷书”等并列。时代更晚的吐鲁番文书有不少“帋”的用例，表明一直到六朝隋唐，人们依然用“帋”字来表示纸张。[3]

[1] 符奎《长沙东汉简牍所见“纸”“帋”的记载及相关问题》，《中国史研究》2019 年第 2 期，第 61 页。

[2] 黄公绍编，熊忠举要《古今韵会举要》卷十一，钦定四库全书本。

[3] 郭伟涛、马晓稳《中国古代造纸术起源新探》，《历史研究》2023 年第 4 期，第 170 至 175 页。

公元 185 年　乙丑
东汉灵帝中平二年

唐代张彦远（约 815—约 890）《法书要录》卷九：“左伯，字子邑，东莱人。特工八分，名与毛弘等列，小异于邯郸淳，亦擅名汉末，尤甚能作纸。汉兴，用纸代简。至和帝时，蔡伦工为之，而子邑尤得其妙。故萧子良（约 460—494）《答王僧虔（426—485）书》云：‘左伯之纸，妍妙辉光。仲将之墨，一点如漆。伯英之笔，穷神尽思。妙物远矣，邈不可追。’然子邑之八分，亦犹斥山之文皮，即东北之美者也。”[1] 推测当时已将纺织品砑光技术应用到加工纸中，左伯即使用砑光技术使得所造纸“研妙辉光”，时称“左伯纸”。

[1] 张彦远撰，武良成、周旭点校《法书要录》，浙江人民美术出版社，2019 年，第 248 至 249 页。

纸张加工工艺的目的大体上分为两种：一是改性。手工纸的改性主要针对纸张与笔墨的结合问题，改善纸张书写面的紧致和顺滑程度，防止墨色渗透洇化，有利于提高笔画质量和书写速度，呈现出更加丰富的笔墨效果。二是美化。手工纸作为基纸，通过大量的非书写要求的特殊工艺形成多样性的色彩、图案、肌理和质感，从而达到美化的效果，如砑花、洒金、描金、拱花、饾版等。

在所有的纸张熟化再加工工艺中，煮硾砑光属于机械性加工工艺，应用的年代更早期，煮硾、砑光均可以单独实施，也可与其他工艺组合；涂布填充属于添加性加工工艺，是经过实验方式逐步演进完善的，染潢、染色、施胶、施蜡在原理上都属于液体类添加性加工，可单独实施，但往往都将砑光作为最后工艺加以组合，以获得更好的光滑平整度；而施粉则属于固体颗粒添加性加工，受到其物理性状与纸张结合程度不佳的制约，往往不能单独实施，而是需要与施胶、施蜡工艺组合以增强固体粉末与纸张的结合度，从而制成粉笺纸、粉蜡笺纸。纸张熟化再加工工艺的目的就是对生纸的纤维进行改性，在缩小纸张纤维间孔隙和致密性的同时，借用添加物质的方式增加纸张的吸水性、防水性和抗水性等物理特性，从而达到书写表征的要求。

手工纸的改性工艺主要分为三个阶段。一是制浆抄制阶段。这一阶段主要是依靠三种工艺：一、不同长短的纸浆纤维的混料配比，来实现对纸张纤维间孔隙大小的调整，熟度等级有限；二、采用熟料法，通过多次蒸煮工艺，尽可能去除附着在纤维上的杂质，获得更高净度的纤维，使得抄制时纸张纤维分布更加紧致；三、浆内施胶。即将施胶剂直接加入纸浆，使其吸附在纸浆纤维表面，随抄纸过程进入纸张中。见潘吉星著《中国科学技术史·造纸和印刷卷》："宋元画家创作白描、设色花鸟及工笔人物画时，要求在运笔时纸上笔画所到之处不能发生颜料的扩散和渗透，书法家写小楷时同样如此。为了满足这一要求，纸工在造纸过程中对纸用胶矾加以处理。"

二是再加工阶段。它是传统上最主要的生纸熟化工艺流程，这一阶段主要是依靠两大类工艺：一、涂布填充。在手工纸原纸上采用不同的填充剂进行涂布，填充纸张纤维间的孔隙和改变纸张性能，以达到防止渗墨的效果，如施粉、施蜡、施胶矾等。严格意义上，染潢、染色也属于涂布填充工艺范畴，据明代宋应星《天工开物》"杀青 第十三"中"造皮纸"："凡皮纸供用画幅，先用矾水荡过，则毛茨不起。"[1] 二、煮捶砑光。通过煮、捶、砑光等工艺，机械地改变纸张纤维的分布和书写面的纤维走向，以改善纸张的致密性。见宋代米芾撰《宝晋英光集》卷八："李重光作此等纸，以供澄心堂用，其出不一，以池州玡硾浆者为上品。此乃饶纸，不入墨，致字少风神也。"[2]

三是书写阶段。即用生纸作画时用笔蘸矾水在局部进行熟化，以便在同一纸张上得到生纸和熟纸不同的着墨效果。可见明代方以智撰《物理小识》卷八："生纸细染界处，以矾笔衬之。磨墨待澄，用其浮者，远山饱水，笔尖蘸淡墨抹之，喷湿烘染，深浅不沁。"[3]

[1] 宋应星撰，杨维增译注《天工开物》，中华书局，2021 年，第 355 页。

[2] 米芾《宝晋英光集》，商务印书馆，1939 年，第 65 页。

[3] 方以智《物理小识》卷八，钦定四库全书本。

公元 186 年　丙寅
东汉灵帝中平三年

2004 年，在湖南长沙五一广场东南侧东牌楼建筑工地内发现一批东汉简牍，其中有字简 206 枚。均为木质。年代为东汉晚期，纪年有东汉灵帝建宁、熹平、光和、中平，最早的为建宁四年（171），最晚的为中平三年（186）。其中111简："□□行帋五十枚。"此简出自东牌楼J7第三层，从出土器物判断，J7大致时代在东汉末期，使用年代应在桓帝至灵帝末期。

公元192年　壬申
东汉献帝初平三年

蔡邕（约132—192）《独断》卷上"策书"："策者，简也。礼曰：不满百丈不书于策。其制长二尺，短者半之，其次一长一短两编，下附篆书起年月日，称皇帝曰：以命诸侯、王、三公。其诸侯、王、三公之薨，于位者亦以策书诔，谥其行而赐之，如诸侯之策。三公以罪免亦赐策，文体如上策而隶书，以一尺木两行，唯此为异者也。"[1]

[1] 蔡邕《独断》卷上，钦定四库全书本。

八分书，带有明显波磔特征的隶书字体。相传为秦时上谷人王次仲所创，"八分"指其笔势波磔相背之状，兼取秦时程邈隶书与李斯小篆笔意而成，后来被东汉蔡邕加以简化。

公元200年　庚辰
东汉献帝建安五年

韦诞（179—253）作《笔方》《墨方》，是现知最早的一部载录、讨论书写工具制作的专著。韦诞也是第一个将制墨技术规范化的人，他将取烟炱、和胶、捣制等制墨主要工序系统化。

唐代虞世南《北堂书钞》引《三辅决录》："韦诞奏蔡邕自矜，能兼斯籀之法，非纨素不妄下笔，工欲善其事，必先利其器。用张芝笔、左伯纸及臣墨，兼此三具，然后可以逞径丈之势，方寸千言。”[1]

1974 年，在宁夏回族自治区固原市东汉墓出土古墨，高 6.2 厘米，直径 3 厘米，外形呈松塔形，墨身上的松塔形纹路细腻清晰，推测当时已经开始使用墨模制作墨锭。现藏宁夏回族自治区博物馆。

《日本书纪》：“遂入其国中，封重宝府库，收图籍文书。”[2]

[1] 虞世南《北堂书钞》卷一百四，钦定四库全书本。

[2] 【日】前川新一《和纸文化史年表》，日本思文阁出版，1998 年，第 4 页。

附：东汉时期　未明确纪年

唐代虞世南《北堂书钞》引《汉书》：“尚书令、仆、丞、郎，月给大笔一双，篆题云：‘北宫工作。’”[3] 引《后汉书》：“曹公以蔡琰家先多书籍，欲令十吏就琰家写书。琰曰：男女礼不亲授。乞给纸笔，一月真草惟命。于是缮写送之，文无遗误。”[4] 引《崔瑗与葛元甫书》：“今遣送许子书十卷，贫不及书，但以纸耳。”[5]

东汉时期已有纸张的染潢工艺，东汉刘熙《释名》中将“潢”释为“染纸”，即用黄檗汁染制的书写用纸。

1901 年，英国人斯坦因（Marc Aurel Stein，1862—1943）在新疆罗布淖尔发掘两片纸，其中一片 9 厘米 ×9 厘米，白色，薄麻纸，正反面均写有文字，为父兄教诫子弟之书。罗振玉（1866—1940）判断：“笔意亦极古拙，当为汉末人所书。”另一纸 12 厘米 ×4.6 厘米，纸上有“书浮叩头言/薛用思起居平安”字迹，潘吉星推断其为东汉纸。[6]

1932 年，在朝鲜平壤附近汉代乐浪郡遗址一二一号墓，日本小场恒吉发现汉代笔头，长 2.9 厘米，直径 0.4 厘米，质地不明。[7]

1955 年起，对甘肃武威磨咀子东汉墓群多次进行考古发掘，出土了大量竹木简牍以及陶、木、漆器和丝、麻、草编等其他陪葬品。

1957 年，甘肃武威磨咀子二号东汉墓出土毛笔 1 支。年代为东汉中期。笔杆为竹质，长 20.9 厘米，径 0.7 厘米，杆身阴刻篆书“史虎作”三字，为汉代毛笔上“篆题”的实物证据。[8]

1971 年，洛阳东关林校东汉墓出土一件灰陶风车与米碓。高 18.5 厘米，长 26 厘米，由漏斗形高槛、风车、长方形风箱、米碓、曲轴和底盘组成，是一种机械化程度较高的粮食脱壳设备。现藏洛

[3] 虞世南《北堂书钞》卷一百四，钦定四库全书本。

[4] 同上。

[5] 同上。

[6] 潘吉星《中国科学技术史·造纸与印刷卷》，科学出版社，1998 年，第 83 页。

[7] 参见【日】小场恒吉、榧本龟次郎《乐浪王光墓：贞柏里·南井里二古坟发掘调查报告》，第二章及图版八七，朝鲜古迹研究会，汉城，1935 年；王学雷《古笔》，中华书局，2022 年，第 170 页。

[8] 参见中国科学院考古研究所、甘肃省博物馆《武威汉简》，文物出版社，1964 年；党国栋《武威县磨嘴子古墓清理记要》，《文物参考资料》1958 年第 11 期；王学雷《古笔》，中华书局，2022 年，第 167 页。

阳博物馆。

1972年，甘肃武威磨咀子四十九号东汉墓出土毛笔1支。年代为东汉中期。笔杆为竹质，长21.9厘米，杆径0.6厘米，通长23.5厘米，约合汉尺一尺，与《论衡》所谓“一尺之笔”相吻合。制法是杆端中空以纳笔头，前端缠缚丝线宽0.8厘米，并髹漆以加固。末端削尖，便于簪发。杆身阴刻隶书“白马作”三字。现藏甘肃省博物馆。[1]

[1] 甘肃省博物馆《武威磨咀子三座汉墓发掘简报》，《文物》1972年第12期，第18页。

1972至1973年间，在内蒙古自治区呼和浩特市和林格尔县新店子村西出土东汉晚期的一座大型砖室壁画墓。墓室壁画共46组、57幅，榜题250多顶，总面积达百余平方米，其中绘有包括采桑、沤麻、舂米、手工业作坊等东汉时期的社会生活场景，是中国考古已发现榜题最多的汉代壁画。

旱滩坡纸。1974年，在甘肃武威旱滩坡东汉墓出土残纸，最大残片为5厘米×5厘米。三层纸合粘，纸上有汉隶墨迹，大部分纸呈褐色、发脆、强度低，仅最内层两片呈白色、柔软、有一定强度。其纸质细薄，纤维交织匀细，帚化程度较高。根据其结构特征分析，可知当时造纸工艺技术除在洗、沤、舂、抄等工序精工细作之外，还采用了压榨、平面干燥等步骤，使纸面平滑紧密。

魏晋时期

公元221至280年
三国吴

孙权（吴大帝，182—252）向魏称臣，魏遣使封孙权为吴王。

万震《南州异物志》：“五色班（斑）布，以丝布、古贝木所作。此木熟时，状为鹅毳，中有核如珠珣，细过丝绵。人将用之，则治出其核，但纺不绩，在意小抽相牵引，每有断绝。欲为班（斑）布，则染之五色，织以为布。”[1] 古贝即吉贝，今称棉花。说明此前南方沿海地区已种植木本棉。[2]

[1] 李昉《太平御览》卷八百二十，中华书局，1960 年，第 3650b 至 3651a 页。

[2] 徐兴祥《云南木棉考》，《云南民族学院学报》1988 年第 3 期，第 24 至 32 页。

公元 227 至 239 年
魏明帝年间

马钧改进翻车、指南车、蹑织机等机械装置。见宋代郑樵撰《通志·马钧传》。

公元 231 年　辛亥
魏明帝太和五年　蜀汉后主建兴九年　吴大帝黄龙三年

都水使者陈协主持在黄河支流谷水洛阳西北的十三里桥重修千金堨，引水驱动水碓，用于粮食生产。[3]

[3] 谭徐明《中国水力机械的起源、发展及其中西比较研究》，《自然科学史研究》1995 年第 1 期，第 85 至 86 页。

公元 232 年　壬子
魏明帝太和六年　蜀汉后主建兴十年　吴大帝嘉禾元年

北宋李昉（925—996）等《太平御览》卷六百五“文部十一纸”：

“王隐《晋书》曰：魏太和六年，博士河间张揖上《古今字诂》，其巾部：纸，今也，其字从巾。古之素帛，依旧长短，随事截绢，枚数重沓，即名幡，纸字从系，此形声也。后和帝元兴中，中常侍蔡伦以故布捣锉作纸，故字从巾，是其声虽同，系、巾为殊，不得言古纸为今纸。”[1]

《太平御览》：“曹植（192—232）《乐府诗》曰：墨出青松烟，笔出狡兔翰。古人感鸟迹，文字有改刊。”[2]

[1] 李昉《太平御览》卷六百五，中华书局，1960 年，第 2724a 页。

[2] 同上，第 2723a 页。

公元 236 年　丙辰 魏明帝青龙四年　蜀汉后主建兴十四年　吴大帝嘉禾五年

走马楼吴简中就有“纸”字今义的明确用例，如“嘉禾五年二月壬辰朔□□，临湘侯相管（营）君叩头死罪白：被纸”（陆·612），临湘侯相报告说收到上级下发的纸文书；南昌孙吴前期高荣墓出土的衣物疏，记载“官纸百枚”。[3] 表明三国时期新字“帋”并未完全替代“纸”的使用，而是随着丝制“纸”的使用逐渐退出历史舞台，使得“纸”字产生出了今义，即蔡伦开始采用植物纤维制造的纸张。

[3] 郭伟涛、马晓稳《中国古代造纸术起源新探》，《历史研究》2023 年第 4 期，第 173 页。

公元 238 年　戊午 魏明帝景初二年　蜀汉后主延熙元年　吴大帝嘉禾七年　赤乌元年

晋代陈寿（233—297）《三国志·魏志》卷十四《刘放传》：“帝纳其言，即以黄纸授放作诏。”[4]

韩暨（约 159—238）曾任魏监冶谒者，在营冶铁业中推广水排，

[4] 陈寿撰，裴松之注，陈乃乾点校《三国志》，中华书局，1982 年，第 459 页。

并且作了改进，利用水力转动机械，“计其利益，三倍于前”[1]。

[1] 陈寿撰，裴松之注，陈乃乾点校《三国志》，中华书局，1982 年，第 677 页。

公元 241 年　辛酉
魏齐王正始二年　蜀汉后主延熙四年　吴大帝赤乌四年

正始石经刊刻成，并立于洛阳太学。曹魏立古文经，将《尚书》《春秋》等古文经刊刻于石，以弘儒训，兼校正文献内容、文字和书体之功用。因碑文每字皆用古文、小篆、汉隶三种书体刻写，故史籍中称“三字石经”，后世称“三体石经”“魏石经”。

1922 年，洛阳太学遗址出土一块正始石经残石，正面为《尚书·无逸》《君奭》，背面为《春秋》。马衡推断应有二十八碑，并制成拓片，为已知国内所藏唯一的一片未凿本拓片，现藏故宫博物院。

公元 245 年　乙丑
魏齐王正始六年　蜀汉后主延熙八年　吴大帝赤乌八年

陆玑《毛诗草木鸟兽虫鱼疏》“其下维榖”条疏：“榖，幽州人谓之榖桑，或曰楮桑。荆、扬、交、广谓之榖，中州人谓之楮。殷中宗时，桑榖共生是也。今江南人绩其皮以为布，又捣以为纸，谓之榖皮纸，长数丈，洁白光辉，其里甚好，其叶初生，可以为茹。”[2]又“可以沤纻”条疏：“纻，亦麻也。科生数十茎，宿根在地中。至春自生，不岁种也。荆扬之间，一岁三刈。今官园种之，岁再割，割便生，剥之，以铁若竹刮其表，厚皮自脱，但得其里韧如筋者，

[2] 陆玑《毛诗草木鸟兽虫鱼疏》卷上，钦定四库全书本。

煮之用缉，谓之徽纻。今南越纻布皆用此麻。”[1]

[1] 陆玑《毛诗草木鸟兽虫鱼疏》卷上，钦定四库全书本。

公元 252 年　壬申
魏齐王嘉平四年　蜀汉后主延熙十五年　吴大帝太元二年　神凤元年　建兴元年

1900 年，斯文·赫定在罗布淖尔的古楼兰遗址发掘出纪年纸质文书，其中包括曹魏嘉平四年（252）、咸熙二年（265）、永嘉四年（310），同时发现西晋泰始、咸熙年间的木牍，表明西晋时期简牍和纸张并用的现象。

公元 256 年　丙子
魏高贵乡公甘露元年　蜀汉后主延熙十九年　吴会稽王五凤三年　太平元年

日本书道博物馆藏曹魏甘露元年（256）写本《譬喻经出地狱品》一卷，总长 166 厘米，由七纸联成，每纸 23.6 厘米 ×30.3 厘米，麻纸。卷尾题：“甘露元年三月十七日，于酒泉城内斋丛中写讫。此月上旬，汉人及杂类被诛。向二百人蒙愿解脱，生生信敬三宝，无有退转。”[2]

[2] 潘吉星《中国科学技术史·造纸和印刷卷》，科学出版社，1998 年，第 108 页。

公元 274 年　甲午
西晋武帝泰始十年

武帝司马炎命荀勖（？—289）考校古律以定度量。荀勖律尺，又称晋前尺，长 23.1 厘米。但民间日常仍沿用魏时杜夔律尺，约长 24.2 厘米。自此，实用尺和律尺开始双水分流。

公元 281 年　辛丑
西晋武帝太康二年

汲冢书被发现。荀勖整理“汲冢书”竹简，《穆天子传》序：“汲郡收书不谨，多毁落残缺。虽其言不典，皆是古书，颇可观览。谨以二尺黄纸写上，请事平，以本简书及所新写，并付秘书缮写，藏之中经，副在三阁。”[1]

[1] 郭璞注，王贻樑、陈建敏校释《穆天子传汇校集释》，中华书局，2019 年，第 2 页。

公元 283 年　癸卯
西晋武帝太康四年

日本应神十四年，自称秦王朝后裔的弓月君率众移居日本。抵日后，分住畿内各地，主要从事养蚕制丝业。从此，养蚕制丝技术在日本得到广泛传播。后，太康十年，阿知使主率 17 县部民迁移日本，定居大和高市郡桧隈一带。主要从事纺织等手工业，将中国当时较为先进的手工业生产技术带到日本。[2]

[2] 武斌《中华文化海外传播史（第一卷）》，陕西人民出版社，1998 年，第 194 至 197 页。

公元 284 年　甲辰
西晋武帝太康五年

杜预创制连机水碓，又造平底釜以节约燃料。见《魏书·崔亮传》："亮在雍州读《杜预传》，见为八磨，嘉其有济时用，遂教民为碾，及为仆射，奏于张方桥东堰谷水造水碾磨数十区，其利十倍，国用便之。"[1] 西晋傅畅撰《晋诸公赞》："杜预欲为平底釜，谓于薪火为省。"[2]

[1] 魏收《魏书》，中华书局，1974 年，第 1481 页。

[2] 李昉《太平御览》卷七百五十七，中华书局，1960 年，第 3359a 页。

公元 285 年　乙巳
西晋武帝太康六年

《日本书纪》记载，归化日本的百济学者阿直崎，邀请住在百济的中国学者王仁，携带《论语》和《千字文》到日本，后来做了皇太子的老师。汉字正式传入日本。[3]

[3] 周有光《世界文字发展史》（第 3 版），上海教育出版社，2018 年，第 101 页。

公元 291 年　辛亥
西晋惠帝永平元年　元康元年

左思（约 250—305）作《三都赋》。唐代房玄龄（579—648）《晋书·左思传》："自是之后，盛重于时，文多不载。司空张华见而叹曰：'班张之流也。使读之者尽而有余，久而更新。'于是豪贵之家竞相传写，洛阳为之纸贵。"[4]

[4] 房玄龄《晋书》，中华书局，1974 年，第 2377 页。

公元294年　甲寅
西晋惠帝元康四年

傅咸（239—294）作《纸赋》：“盖世有质文，则治有损益。故礼随时变，而器与事易。既作契以代绳兮，又造纸以当策。犹纯俭之从宜，亦惟变而是适。夫其为物，厥美可珍。廉方有则，体洁性贞。含章蕴藻，实好斯文。取彼之淑，以为此新。揽之则舒，舍之则卷。可屈可伸，能幽能显。若乃六亲乖方，离群索居。鳞鸿附便，援笔飞书。写情于万里，精思于一隅。”[1]

[1] 潘吉星《中国造纸史》，上海人民出版社，2009年，第132页。

公元296年　丙辰
西晋惠帝元康六年

西本原寺藏汉文写经《诸佛要集经》，写于西晋元康六年（296），是日本现存年代最早的写经。[2]

[2] 【日】前川新一《和纸文化史年表》，日本思文阁出版，1998年，第5页。

公元300年　庚申
西晋惠帝永康元年

张华（232—300）撰《博物志》成。东晋王嘉《拾遗记·张华传》：“（张华）造《博物志》四百卷，奏于武帝……即于御前，赐青铁砚，此铁是于阗国所出，献而铸为砚也；赐麟角笔，以麟角为笔管，此辽西国所献；赐侧理纸万番，此南越所献。后人言‘涉里’，与‘侧理’相乱，南人以海苔为纸，其理纵横邪侧，因以为名。”[3]

[3] 王兴芬译注《拾遗记》，中华书局，2019年，第336页。

唐代房玄龄《晋书·湣怀太子传》："须臾，有一小婢持封箱来，云：'诏使写此文书。'鄙便惊起，视之，有一白纸，一青纸。催促云：'陛下停待。'又小婢承福持笔研墨黄纸来，使写。"[1] 表明西晋宫廷文书已经按颜色分类。

[1] 房玄龄《晋书》，中华书局，1974 年，第 1461 页。

公元 304 年　甲子
西晋惠帝永安元年　建武元年
永兴元年

嵇含（263—306）撰《南方草木状》成。这是现存最早的区域植物地理著作。卷中"蜜香纸"条："以蜜香树皮叶作之，微褐色，有纹如鱼子。极香而坚韧，水渍之不溃烂。泰康五年，大秦献三万幅，尝以万幅赐镇南大将军、当阳侯杜预，令写所撰《春秋释例》及《经传集解》以进，未至而预卒。诏赐其家，令上之。"[2]

嵇含作《八磨赋并序》："外兄刘景宣作为磨，奇巧特异，策一牛之任，转八磨之重。因赋之曰：方木矩跱，圆质规旋，下静以坤，上转以乾，巨轮内建，八部外连。"[3]

[2] 嵇含《南方草木状》卷中，钦定四库全书本。

[3] 李昉《太平御览》卷七百六十二，中华书局，1960 年，第 3385b 页。

公元 311 年　辛未
西晋怀帝永嘉五年

刘曜攻克洛阳，怀帝被俘。中原士民大批南迁，史称"永嘉南渡"。

1907 年，斯坦因在甘肃敦煌附近的长城烽燧遗址发现 9 封中亚粟特文（Sogdian）书写的信，用的是麻纸，经英国学者亨宁（W. B. Henning）研究，认为是客居在凉州（今甘肃武威）的中亚商人南奈万达（Nanai Vandak）在西晋怀帝永嘉年间（307—313）写给他在撒马尔罕的友人的。[1] 现藏大英博物馆。

日本学者桑原骘藏（1870—1931）指出：魏晋之前，中国文化中枢在北方；而明清时代则在南方，其间判然划为鸿沟。魏晋之后一千年间，正是中国文化中枢移动的过渡时代。开此过渡之门户者，为晋室之南渡。故晋室南渡之最大意义即在于斯也。[2]

“衣冠南渡”将以韧皮组织为原料的造纸术引入到江南地区，因为自然资源分布地理的关系，形成了两浙地区以藤皮为原料的藤纸，江南地区（池州、徽州）以楮树皮为原料的楮皮纸。

陈寅恪（1890—1969）先生认为：晋室南渡后，“北来上层社会阶级虽在建业首都做政治活动，然而殖产兴利，进行经济的开发，则在会稽、临海之间的地域。故此一带区域也是北来上层社会阶级居住之地。上层阶级的领袖王谢诸家，之所以需要到会稽、临海之间来求田问舍，是因为新都近旁既无空虚之地，京口晋陵一带又为北来次等士族所占有，至若吴郡、义兴、吴兴等郡，都是吴人势力强盛的地方，不可插入。故唯有渡过钱塘江，至吴人士族力量较弱的会稽郡，转而东进，求经济之发展”。[3]

[1] 潘吉星《中国科学技术史·造纸和印刷卷》，科学出版社，1998 年，第 105 页。

[2] 参见【日】桑原骘藏《晋室南渡与南方开发》，四川大学前进社编《前进》第六期，1937 年 2 月。

[3] 万绳楠整理《陈寅恪魏晋南北朝史讲演录》，贵州人民出版社，2007 年，第 107 页。

公元 322 年　壬午
东晋元帝永昌元年

北宋乐史（930—1007）《太平寰宇记》卷九十三：“由拳山，本余杭州也，一名大辟山。《郡国志》云：青障山，高峻为最，在县南十八里。山谦之《吴兴记》云：晋隐士郭文，字文举，初从陆浑山来居之。王敦作乱，因逸归入此处。今傍有由拳村，出藤纸。”[4]

南宋潜说友（1216—1277）《咸淳临安志》卷二十四：“由拳山，在县南二十六里，高一百八十丈九尺，周回一十五里。按：《搜神记》云：由拳即嘉兴县，吴元帝时，县人郭暨猷与由拳山人隐此，因以为名。”[5]

[4] 乐史《太平寰宇记》卷九十三，钦定四库全书本。

[5] 潜说友《咸淳临安志》卷二十四，钦定四库全书本。

公元 333 年　癸巳
东晋成帝咸和八年

1945 年，在上埃及卢克索附近的拿戈玛第镇农田中意外发现陶罐内装有 12 册用皮革装订的莎草纸书，称为“拿戈玛第经集”，是世界现存最早的装订完整且有封面的分页书。每本书都由一叠莎草纸制成，每张纸对折，然后由两根羊皮做的细绳绑在单层的羊皮封面上。“经籍”的加固材料中分理出各种合同、信件和账目，上面有手写的公元 333 年、公元 341 年、公元 346 年和公元 348 年等日期。[1]

[1] 【英】基思·休斯敦著，伊玉岩、邵慧敏译《书的大历史：六千年的演化与变迁》，生活·读书·新知三联书店，2020 年，第 254 至 258 页。

公元 340 年　庚子
东晋成帝咸康六年

北宋苏易简《文房四谱 · 纸谱》：“虞预（约 285—340）《（请秘府纸）表》云：秘府有布纸三万余枚，不任写御书，乞四百枚付著作史写起居注。”[2]

[2] 苏易简《文房四谱·纸谱》，中华书局，2011 年，第 176 页。

公元 348 年　戊申
东晋穆帝永和四年

1974 年，在新疆哈拉和卓墓葬中出土的纸，经化验为双面涂布纸，基纸为麻纸。纸呈白色，较厚，表面明显可见白粉，显微镜下可见纤维间有矿物粉状颗粒分布。同墓有绢本柩铭，铭文为“建兴三十六年九月乙卯朔廿八日丙午高昌”，由此可定该纸制造的时间下限为前凉借用“西晋愍帝建兴年号（313—317）”的第三十六年（348），该年号前凉一直借用到354年，前凉张祚称王，改建兴四十二年为凉和平元年。这是迄今所见有年代可查的最早的涂布纸。[1]

[1] 潘吉星《中国科学技术史·造纸和印刷卷》，科学出版社，1998年，第129页。

公元349年　己酉
东晋穆帝永和五年

石虎（295—349）正式称帝，令诏书写于五色纸上。南朝陈徐陵《徐孝穆集笺注》卷四引《邺中记》：“石虎诏书以五色纸著，凤凰口中令衔之，飞下端门。”[2]

[2] 徐陵《徐孝穆集笺注》卷四，钦定四库全书本。

公元353年　癸丑
东晋穆帝永和九年

王羲之（303—361）等江南名流在会稽郡兰亭举行修禊活动，并撰写下《兰亭集序》。见唐代何延之《兰亭记》：“晋穆帝永和九年暮春三月三日，（王羲之）宦游山阴，与太原孙统承公、孙绰兴公，广汉王彬之道生，陈郡谢安安石，高平郗昙重熙，太原王蕴叔仁，释支遁道林，并逸少子凝、徽、操之等四十有一人，修祓禊之礼，挥毫制序，兴乐而书，用蚕茧纸、鼠须笔，遒媚劲健，绝代更无。凡二十八行，三百二十四字，有重者皆构别体，就中‘之’字最多，乃有二十许个，变转悉异，遂无同者，其时乃有神助。及醒后，他日更书数十百本，无如祓禊所书之者，右军亦自珍爱宝重，此书留付子孙。”[3]

[3] 张彦远撰，武良成、周旭点校《法书要录》，浙江人民美术出版社，2019年，第101至102页。

故宫博物院藏唐代冯承素摹本——王羲之《兰亭序》神龙本，

用两幅楮纸拼接而成，纸质精细光洁，横 69.9 厘米，纵 24.5 厘米。

南宋陈槱《负暄野录》卷下“论纸品”：“《兰亭序》用鼠须笔书乌丝栏茧纸。所谓茧纸，盖实绢帛也，乌丝栏，即是以黑间白织其界行耳。”[1]

[1] 陈槱《负暄野录》，大象出版社，2019 年，第 17 页。

唐代房玄龄《晋书 · 王羲之传》“赞”：“虽秃千兔之翰，聚无一毫之筋，穷万榖之皮，敛无半分之骨。”[2] 表明东晋时期榖树皮大量用于造纸。

[2] 房玄龄《晋书》，中华书局，1974 年，第 2108 页。

为满足王谢等世家大族书写用纸的强烈需求，跟随南渡的还有掌握造纸技艺的工匠，尤其是王羲之家族当时书写用纸的生产规模在东晋世家大族中是首屈一指的。北宋苏易简《文房四谱·纸谱》：“王右军为会稽，谢公就乞笺笔，库内有九万枚，悉与之。桓宣武云：逸少不节。”[3]

[3] 苏易简《文房四谱·纸谱》，中华书局，2011 年，第 186 页。

韦昶，字文休，（韦）诞兄，凉州刺史（韦）庾之玄孙，官至颍州刺史、散骑常侍。善古书大篆，见王右军父子书云：“二王未足知书也。”[4] 又妙作笔，子敬得其笔，称为绝世。

[4] 张彦远撰，武良成、周旭点校《法书要录》，浙江人民美术出版社，2019 年，第 253 页。

唐代韦续《墨薮》卷二“王逸少笔阵图第十四”条：“先取崇山绝仞中兔毫，八九月收之，其笔头长一寸，管长五寸，锋齐腰强者。砚取端州斧柯石，涩润相兼，又浮津耀墨。墨取庐山之松烟，代郡之鹿胶，十年已上，强之如石者。纸取东阳鱼卵，虚柔滑净者。”[5]

[5] 韦续《墨薮》卷二，钦定四库全书本。

北宋米芾（1051—1107）《书史》：“王右军《笔阵图》，前有自写真，纸紧薄如金叶，索索有声。”[6]

[6] 米芾《书史》，大象出版社，2019 年，第 142 页。

公元 366 年　丙寅
东晋废帝海西公太和元年　前秦建元二年

沙门乐僔在甘肃敦煌三危山与鸣沙山之间的峭壁上，始开凿石窟，供奉佛像，称莫高窟。

公元 369 年　己巳 东晋废帝海西公太和四年　前凉升平十三年

1985 年，在甘肃武威旱滩坡十九号前凉夫妻合葬墓出土毛笔 1 支。笔杆为松木制成，长 25 厘米，杆径上端 2 厘米，向下变细，形制如王羲之《笔经》中提到的“削管”。此笔笔头较大，笔锋较长，笔杆较粗，适宜写大字。制法是先将笔毫理顺，用丝线扎紧并髹漆，剪理整齐，纳入笔杆前端中空处，用胶粘合。出土时套在松木制成的笔套内，伴随出土的《衣物疏》木牍上写有“故笔一枚”。[1] 反映出东晋时期制笔技术的变化。现藏甘肃省考古研究所。

[1] 田建《甘肃武威旱滩坡出土前凉文物》，《文博》1990 年第 3 期，第 49 页。

公元 375 年　乙亥 东晋哀帝宁康三年　前凉升平十九年

2006 年吐鲁番阿斯塔那古墓群 605 号墓出土一件纸质衣物疏，《前凉咸安五年（375）隗田英随葬衣物疏》（编号 06TAM 605:22，以下简称为《隗田英衣物疏》），是迄今所见吐鲁番地区出土的最早衣物疏。文书纵 24 厘米、横 35.6 厘米，左侧残。纸质的《隗田英衣物疏》正处于木牍向纸张过渡的时代，既保留了木牍衣物疏的书式特点，又体现了纸质衣物疏的变化趋势，是中国“简纸过渡”的时代标本。[2]

[2] 何亦凡《“简纸过渡”时代的衣物疏——从新刊布的吐鲁番出土最早的衣物疏谈起》，《西域研究》2023 年第 3 期，第 32 页。

公元 379 年　己卯
东晋孝武帝太元四年

唐代虞世南《北堂书钞》卷一百四："藤角纸。范宁教云：土纸不可以作文书，皆令用藤角纸。"[1] 东晋孝武帝宁康元年至太元四年（373—379）范宁曾令余杭县，表明东晋中期藤纸制造工艺已经十分成熟，纸张品质足以满足文书的要求，为当时东晋士人官员所认可。又见后魏贾思勰《齐民要术》卷五"种穀楮第四十八"："按：今世人乃有名之曰'角楮'，非也。盖'角''穀'声相近，因讹耳。"[2]

[1] 虞世南《北堂书钞》卷一百四，钦定四库全书本。

[2] 贾思勰撰，缪启愉、缪桂龙译注《齐民要术译注》卷五，上海古籍出版社，2021 年，第 354 页。

公元 384 年　甲申
东晋孝武帝太元九年

1928 年，黄文弼在新疆吐鲁番哈拉和卓发现后秦白雀元年（384）的衣物券，残长 12 厘米，宽 10 厘米，是迄今发现最早的表面施胶纸。现藏于中国国家博物馆。施胶技术是在造纸过程中将动物、植物、淀粉等胶剂掺入纸浆中或刷在纸面上，使纸的结构变得紧密，纸面更加平滑，纸的可塑性、抗湿性和不透水性都得以提高。[3]

1959 年，在吐鲁番阿斯塔那古墓群 305 号墓出土墓葬衣物疏，经潘吉星团队检验，为麻纸，色白，直高 23.4 厘米、横长 35.5 厘米，是完整而未经剪裁的原始尺寸纸，表面平滑，单面涂以白粉。同墓出土前秦字纸，文字为"建元廿年，韩盆自期召弟应身拜""建元廿年三月廿三日，韩盆自期，二月召弟到应身，逋违，受马鞭一百。期了，具"。[4]

经潘吉星团队检测，僧人竺法护（约 231—306 在世）译《正法华经》东晋写本，每纸 26.5 厘米 ×54.5 厘米，厚度 0.1—0.15 毫米，

[3] 国家文物局、中国科学技术协会编《奇迹天工：中国古代发明创造文物展》，文物出版社，2008 年，第 186 页。

[4] 潘吉星《中国科学技术史·造纸和印刷卷》，科学出版社，1998 年，第 130 页。

麻纤维匀细，双面强力砑光，故而呈半透明，帘纹已被砑去，表面平滑受墨。卷末无年款，1965 年 12 月经启功先生鉴定为北魏（386—534）以前之物。为研究晋、南北朝所造高级白麻纸，提供最好的实物资料。[1]

[1] 潘吉星《中国科学技术史·造纸和印刷卷》，科学出版社，1998 年，第 106 页。

公元 404 年　甲辰
东晋安帝元兴三年　北魏道武帝
天兴七年　天赐元年

东晋桓玄（369—404）于元兴三年（404）称帝后，颁令以纸代简。见虞世南《北堂书钞》卷一百四“代简”引《桓玄伪事》：“古无纸，故用简。非主于敬也。今诸用简者，皆以黄纸代之。”[2]

[2] 虞世南《北堂书钞》卷一百四，钦定四库全书本。

公元 406 年　丙午
东晋安帝义熙二年　北魏道武帝
天赐三年

唐代张彦远《历代名画记》：“顾（顾恺之，约 345—约 406）画有异兽古人图、桓温像、桓玄像、苏门先生像、中朝名士图、谢安像、阿谷处女扇画、招隐鹅鹄图、笋图、王安期像、列女仙，白麻纸。三狮子、晋帝相列像、阮修像、阮咸像、十一头狮子，白麻纸。司马宣王像，一素一纸。刘牢之像、虎射杂鸷鸟图、庐山会图、水府图、司马宣王并魏二太子像、凫雁水鸟图、列仙画、本雁图、三天女图、行三龙图，绢。”[3]

[3] 张彦远《历代名画记》，浙江人民美术出版社，2019 年，第 88 至 89 页。

附：魏晋时期　未明确纪年

纸的普及是发生在魏晋南北朝时期。社会动乱，人民流离逃亡，有利于新技术的传播。另一个相当重要的因素是，东汉时，我国黄河流域天气趋冷。直到公元 4 世纪前半期，寒冷达到顶点。这是近五千年来我国历史上最寒冷的时期。年平均温度比现在低 2—4°C。除少数地区外，黄河流域大片的竹林消失了。竹林的消失，直接危及使用竹简著书。[1]

北宋苏易简《文房四谱 · 纸谱》："魏武令曰：自今诸掾属、治中、别驾，常于月朔，各进得失，给纸函各一。"[2]

黄案，用防蠹黄纸书写的公文案卷。魏晋以来尚书省处理国政的上下行文书用纸，多经防蠹药材处理成黄色，故名。此后直至唐宋以来，凡以黄纸或白纸书写公文案卷，即分称黄白案，各时期还有一些具体的差异。

黄籍，官府登录、保存的常规编户之籍。又称"黄簿"，魏晋以来纸张盛行后，皆用防蠹黄纸编制造册，据以统治。

白籍，东晋南朝侨州郡县以白纸登记的临时户籍。先后北来的侨人皆以此登录安置，可免赋役，以别于登录土著人户的黄籍。后经历次土断，相继落籍当地，成为正常承担赋役义务的黄籍编户。

卷轴制度的形成。纸张作为书写材料，首先是作为缣帛的替代品出现，一是解决绘制图画所用材料的宽度；二是解决大量使用缣帛的成本问题。因此，最初的纸写本或绘本在形式上模仿帛书。通常的形式是把纸张粘贴成为长卷，"卷"的用纸数量根据抄写内容的多少而定，从二幅以上不等，每幅纸又叫作"枚"或"幡"，拼接的顺序按抄写内容的先后，接合处通常钤有押缝或印章，这便是"骑缝章"；拼接完成后再用木质、牙质、骨质、漆器等材料作轴，以此为轴心卷成一束，称为"卷轴"。而每幅纸如不进行拼接，则逐步衍生成"尺牍"形式，因每幅纸的高度大多是按照当时度量衡的尺长而定，且高宽比例与木牍相类，因此称为"尺牍"。

卷、轴、褾、带构成卷轴制度四个主要组成部分。卷右端接合

[1] 刘青峰、金观涛《从造纸术的发明看古代重大技术发明的一般模式》，《大自然探索》1985 年第 1 期，第 169 页。

[2] 苏易简《文房四谱·纸谱》，中华书局，2011 年，第 179 页。

一张较为坚韧且不书写的纸张，或用罗、绢、锦等丝织品，称为“褾”。褾头上系上一根纺织品的带子，用以捆缚书卷，称为“带”。后来，又衍生出用牙骨竹木制作的签扣以便捆缚锁定，称为“签”。每部书又用布、绢或锦等材料包裹起来，以便保存和携带，称为“帙”。如用布帛材料缝制起来包裹书卷，则称为“囊”。褾、带、帙、囊皆源自简帛时期。后世藏书用轴、带、帙、签的不同材质、颜色来区分书卷的种类和重要程度，以便分门别类。

行格形式的确立。行格最初是缣帛作为书写材料而形成的，最早的实物是马王堆帛书，行格的宽度基本与秦汉时期用于书写的竹木简宽度一致。当纸张替代缣帛后沿用，即用墨色或朱色在纸张画出边栏和界行，唐人称为“边准”，宋人称为“解行”，因颜色不同而有“朱丝栏”“乌丝栏”之别。

1965 年，在新疆吐鲁番出土陈寿《三国志》东晋写本，用纸是纤维高度帚化的麻料涂布加工纸，每纸 23.3 厘米 ×48 厘米，纸质洁白，表面平滑，叩解度 70° SR，纸表涂一层白色矿物粉，再经研光。现藏于新疆维吾尔自治区博物馆。[1]

敦煌研究院藏晋代楷书写本《三国志 · 步骘传》，黄麻纸本。高 24.3 厘米，残长 41.7 厘米。纸质较厚，有霉点，以淡墨画界栏，存文 25 行。[2]

甘肃省博物馆藏晋代楷书佛经写本《道行品法句经》，黄麻纸本。高 24.9 厘米，宽 135 厘米。

北宋苏易简《文房四谱 · 纸谱》：“晋令，诸作纸，大纸（广）一尺三分，长一尺八分；听参作广一尺四寸；小纸广九寸五分，长一尺四寸。”[3]

唐代欧阳询《艺文类聚》卷五十八“纸”条引《东宫旧事》：“皇太子初拜，给赤纸、缥红纸、麻纸、敕纸、法纸各一百。”[4]

1964 年，在新疆吐鲁番阿斯塔那古墓出土晋代画笔 1 支。笔毛质地不明，较为粗糙。笔杆为木质，笔毛长 3 厘米，笔杆长 25 厘米，通长 28 厘米。呈前端粗圆，逐渐过渡到后端细圆，形制类似武威旱滩坡前凉墓出土毛笔一样的“削管”，当为东晋时期较为流行的笔管形制。[5] 现藏新疆维吾尔自治区博物馆。

1964 年，在新疆吐鲁番出土的东晋时期纸绘设色地主生活图，

[1] 潘吉星《中国科学技术史 · 造纸和印刷卷》，科学出版社，1998 年，第 129 页。

[2] 敦煌研究院编，樊锦诗主编《敦煌艺术大辞典》，上海辞书出版社，2019 年，第 592 页。

[3] 苏易简《文房四谱 · 纸谱》，中华书局，2011 年，第 191 至 192 页。1 晋尺合今 24.5 厘米。

[4] 欧阳询《艺文类聚》，中华书局上海编辑所，1965 年，第 1053 页。

[5] 参见新疆维吾尔自治区博物馆《新疆出土文物》，文物出版社，1975 年；王学雷《古笔》，中华书局，2022 年，第 173 页。

长 106.5 厘米、高 47 厘米，由 6 张纸联成，材料为麻纸。[1]

1993 年 6 月，在江苏江宁下坊村东晋砖室墓棺椁头箱内出土一组文具，包括木柄刻刀、铁书刀、瓷砚、墨和毛笔。“毛笔一件。仅见笔头。两端均见笔锋，中以宽 2.5 厘米的丝帛束紧，长 10.2 厘米、中宽 1.4 厘米。”[2] 现藏南京市博物馆。

苏易简《文房四谱 · 笔谱》“二之造”载王羲之作《笔经》，记述了晋代制笔的“缠纸法”。

造纸术传入朝鲜半岛。据潘吉星对高丽纸（李朝纸）的分析研究，认为朝鲜半岛所产纸张原料、工艺等与中国魏晋南北朝时期属于同一技术类型，后来结合部分唐代皮纸工艺，形成“高丽纸”工艺特征。[3]

[1] 潘吉星《中国科学技术史·造纸和印刷卷》，科学出版社，1998 年，第 110 页。

[2] 南京市博物馆、江宁县文管会《江苏江宁县下坊村东晋墓的清理》，《考古》1998 年第 8 期，第 50 至 51 页。

[3] 潘吉星《中国科学技术史·造纸和印刷卷》，科学出版社，1998 年，第 499 页。

南北朝时期

公元 420 至 479 年
南朝宋时期

南朝梁沈约《宋书 · 张永传》：“永，涉猎书史，能为文章，善隶书，晓音律、骑射、杂艺，触类兼善，又有巧思，益为太祖所知。纸及墨皆自营造。上每得永表启，辄执玩咨嗟，自叹供御者了不及也。”[4]

戴凯之撰《竹谱》。这是中国最早的竹类专著，篇首总论竹的分类位置、形态特征、生境及地理分类；次则按竹名逐条分述。

中国发明夹纻造像，即先借木骨泥模塑造出底胎，再在外面粘贴麻布，并髹漆及彩绘。等干后除去泥模，造成脱胎漆塑像。这是古代漆器工艺一大成就。[5]

[4] 沈约《宋书》，中华书局，1974 年，第 1511 页。

[5] 自然科学史研究所《中国古代科技成就（修订版）》，中国青年出版社，1978 年，第 240 页。

公元 454 年　甲午
南朝宋孝武帝孝建元年　北魏文成帝兴安三年　兴光元年

1973 年，潘吉星团队检验了敦煌千佛洞土地庙出土的北魏兴安三年《大悲如来告疏》用纸为楮皮纸。[1]

[1] 潘吉星《中国科学技术史·造纸和印刷卷》，科学出版社，1998 年，第 114 页。

公元 463 年　癸卯
南朝宋孝武帝大明七年　北魏文成帝和平四年

日本雄略天皇（418—479）派人到百济招募汉人工匠，主要从事手工业生产和技术性工作。[2]

[2] 武斌《中华文化海外传播史（第一卷）》，陕西人民出版社，1998 年，第 198 页。

公元 470 年　庚戌
南朝宋明帝泰始六年　北魏献文帝皇兴四年

南朝宋支援的技工汉织、吴织、兄媛、弟媛到日本，后组建衣缝部。[3]

[3] 同上，第 199 页。

虞龢作《上明帝论书表》。泰始三年（467）虞龢奉诏组织搜寻、编次“二王”法书，且一并对内府所藏法书作品进行整理，形成了《上明帝论书表》。表曰：“大凡秘藏所录，钟繇（151—230）纸书六百九十七字；张芝（？—192）缣素及纸书四千八百廿五字，年代既久，多是简帖；张昶（？—206）缣素及纸书四千七十字；毛弘八分缣素书四千五百八十八字；索靖（239—303）纸书五千七百五十五字；钟会（225—264）书五纸四百六十五字，是高祖平秦川所获，以赐永嘉公主，俄为第中所盗，流播始兴。及泰始开运，地无遁宝，诏庞沈搜索，遂乃得之。又有范仰恒献上张芝缣素书三百九十八字，希世之宝，潜采累纪，隐迹于二王，耀美于盛辰，别加缮饰，在新装二王书所录之外。”又“二王缣素书珊瑚轴二帙二十四卷，纸书金轴二帙二十四卷，又纸书玳瑁轴五帙五十卷，皆互帙金题玉躞织成带。又有书扇二帙二卷，又纸书飞白章草二帙十五卷，并旃檀轴。又纸书戏学一帙十二卷，玳瑁轴，此皆书之冠冕也”。[1]

[1] 张彦远撰，武良成、周旭点校《法书要录》，浙江人民美术出版社，2019 年，第 31 至 33 页。

公元 479 至 482 年
南朝齐高帝建元年间

北宋苏易简《文房四谱·纸谱》引《丹阳记》：“江宁县东十五里有纸官署。齐高帝于此造纸之所也。常送凝光纸赐王僧虔。”[2]

[2] 苏易简《文房四谱·纸谱》，中华书局，2011 年，第 203 页。

公元 483 至 493 年
南朝齐武帝永明年间

祖冲之（429—500）在建康乐游苑造水碓磨。[3]

[3] 谭徐明《中国水力机械的起源、发展及其中西比较研究》，《自然科学史研究》1995 年第 1 期，第 86 页。

公元 500 年　庚辰
南朝齐东昏侯永元二年　北魏宣武帝景明元年

崔亮（约 460—521）在洛阳西北谷水上“造水碾磨数十区，其利十倍”。[1]

[1] 魏收《魏书》，中华书局，1974 年，第 1481 页。

公元 502 至 557 年
南朝梁时期

《梁书 · 西北诸戎传》：“（高昌）多草木，草实如茧，茧中丝如细纑，名为白叠子，国人多取织以为布，布甚软白，交市用焉。”[2] 这是当时西域种植棉花及用于纺织的确切记载。

[2] 姚思廉《梁书》，中华书局，1973 年，第 811 页。

公元 505 年　乙酉
南朝梁武帝天监四年　北魏宣武帝正始二年

梁以任昉（460—508）为秘书监，校定秘阁四部书，另为目录。

公元 520 年　庚子
南朝梁武帝普通元年　北魏孝明帝神龟三年　正光元年

嚈哒遣使至梁建康献“波斯棉”。另，林邑（今越南中南部）使者献以吉贝织成的五色斑布。

公元 522 年　壬寅
南朝梁武帝普通三年　北魏孝明帝正光三年

东罗马帝国通过僧侣从中国运蚕种至君士坦丁堡，为中国蚕种西传之始。[1]

[1] 张星烺《中西交通史料汇编（第一册）》，中华书局，1977 年，第 51 至 52 页。

公元 533 至 544 年
北魏孝武帝永熙二年至东魏孝静帝武定二年

贾思勰撰《齐民要术》成。它是我国最早、最完整的包括农林牧副渔的综合性农业全书。[2]

《齐民要术 · 杂说》“染潢及治书法”：“凡打纸欲生，生则坚厚，特宜入潢。凡潢纸灭白便是，不宜太深，深则年久色暗也。人浸糵熟，即弃滓，直用纯汁，费而无益。糵熟后，漉滓捣而煮之，布囊压讫，复捣煮之，凡三捣三煮，添和纯汁者，其省四倍，又弥明净。

[2] 杜石然《中国古代科学家传记（上）》，科学出版社，1992 年，第 263 至 273 页。

写书，经夏然后入潢，缝不绽解。其新写者，须以熨斗缝缝熨而潢之；不尔，入则零落矣。豆黄特不宜裛，裛则全不入黄矣。凡开卷读书，卷头首纸，不宜急卷；急则破折，折则裂。以书带上下络首纸者，无不裂坏；卷一两张后，乃以书带上下络之者，稳而不坏。卷书勿用高带而引之，非直带湿损卷，又损首纸令穴；当衔竹引之。书带勿太急，急则令书腰折。骑蓦书上过者，亦令书腰折。书有毁裂，鬲方纸而补者，率皆挛拳，瘢疮硬厚。瘢痕于书有损。裂薄纸如薤叶以补织，微相入，殆无际会，自非向明举而看之，略不觉补。裂若屈曲者，还须于正纸上，逐屈曲形势裂取而补之。若不先正元理，随宜裂斜纸者，则令书拳缩。凡点书、记事，多用绯缝，缯体硬强，费人齿力，俞污染书，又多零落。若用红纸者，非直明净无染，又纸性相亲，久而不落。”又“雌黄治书法”：“先于青硬石上，水磨雌黄令熟；曝干，更于瓷碗中研令极熟；曝干，又于瓷碗中研令极熟。乃融好胶清，和于铁杵臼中，熟捣。丸如墨丸，阴干。以水研而治书，永不剥落。若于碗中和用之者，胶清虽多，久亦剥落。凡雌黄治书，待潢讫治者佳；先治入潢则动。书橱中欲得安麝香、木瓜，令蠹虫不生。五月湿热，蠹虫将生，书经夏不舒展者，必生虫也。五月十五日以后，七月二十日以前，必须三度舒而展之。须要晴时，于大屋下风凉处不见日处。日曝书，令书色喝。热卷，生虫弥速。阴雨润气，尤须避之。慎书如此，则数百年矣。”[1]

《齐民要术·种麻》：“凡种麻，用白麻子。麻欲得良田，不用故墟。地薄者粪之，耕不厌熟。田欲岁易，良田一亩，用子三升；薄地二升。夏至前十日为上时，至日为中时，至后十日为下时。泽多者，先渍麻子令芽生，待地白背，耧耩，漫掷子，空曳劳。泽少者，暂浸即出，不得待芽生，耧头中下之。麻生数日中，常驱雀，布叶而锄，勃如灰便收。蘖欲小，稕欲薄，一宿辄翻之。获欲净，沤欲清水，生熟合宜。（注说云：浊水则麻黑，水少则麻脆。生则难剥，太烂则不任。）”[2]

《齐民要术·种穀楮》：“楮宜涧谷间种之，地欲极良。秋上楮子熟时，多收，净淘，曝令燥，耕地令熟。二月耧耩之，和麻子漫散之，即劳。秋冬仍留麻勿刈，为楮作暖。明年正月初，附地芟杀，放火烧之。一岁即没人，三年便中斫。斫法：十二月为上，四月次之。每岁正月，常放火烧之。二月中，间斸去恶根。

[1] 贾思勰撰，缪启愉、缪桂龙译注《齐民要术译注》，上海古籍出版社，2021年，第230至231页。

[2] 同上，第113至114页。

移栽者，二月莳之，亦三年一斫。指地卖者，省功而利少；煮剥卖皮者，虽劳而利大，自能造纸，其利又多。种三十亩者，岁斫十亩，三年一遍，岁收绢百匹。”[1]

《齐民要术》卷五详尽记载了当时染料的技术，如蓝靛、红花等。红花杀化法、造红花饼法、做胭脂法，以及进行酸碱处理以达到提纯的目的。[2]

[1] 贾思勰撰，缪启愉、缪桂龙译注《齐民要术译注》，上海古籍出版社，2021 年，第 354 至 355 页。

[2] 赵匡华、周嘉华《中国科学技术史 · 化学卷》，科学出版社，1998 年，第 648 页。

公元 536 年　丙辰
南朝梁武帝大同二年　西魏文帝大统二年　东魏孝静帝天平三年

陶弘景（456—536）编纂《本草经集注》7 卷。它是中国古代最早系统记载矿物药的矿物学属性和产地的本草学著作。

公元 541 年 辛酉
南朝梁武帝大同七年　西魏文帝大统七年　东魏孝静帝兴和三年

百济国遣使至梁，求请佛经及工匠等。

公元 545 年　乙丑
南朝梁武帝大同十一年　西魏文帝大统十一年　东魏孝静帝武定三年

皇侃（488—545）在疏解《礼记 · 玉藻》颜色论时，指出青、赤、黄、白、黑为“正色”，绿、红、碧、紫、骝黄为“间色”，并具体提出了正色之两种混合而成某种间色的理论。[1]

[1] 艾素珍、宋正海《中国科学技术史·年表卷》，科学出版社，2006 年，第 255 至 256 页。

公元 554 年　甲戌
南朝梁元帝承圣三年　西魏恭帝元年

《资治通鉴 · 梁纪二十一》“梁元帝承圣三年十一月”条：“帝入东閤竹殿，命舍人高善宝焚古今图书十四万卷，将自赴火，宫人左右共止之。又以宝剑斫柱令折，叹曰：‘文武之道，今夜尽矣！’”[2]

[2] 司马光《资治通鉴》卷一百六十五《梁纪二十一》，中华书局，1956 年，第 5121 页。

公元 558 年　戊寅
南朝陈武帝永定二年　北周明帝二年　北齐文宣帝天保九年

1972 年，新疆吐鲁番阿斯塔纳出土高昌时期夫妻合葬墓，年代为建昌四年（558）及延昌十六年（576），妻死后合葬于夫墓。墓有 3 张皮纸，最大者高 14 厘米、宽 42.6 厘米，白色，较薄，经化验为桑皮纸。[1]

[1] 潘吉星《中国科学技术史·造纸和印刷卷》，科学出版社，1998 年，第 114 至 115 页。

公元 561 至 574 年
北周明帝武帝时期

中国国家图书馆藏敦煌所出写本《杂阿毗昙心论》，纸背捺印四周环绕梵文的墨色佛像并钤“永兴郡印”朱印，李之檀考此永兴郡为北周所设，钤印年代在 561 至 574 年之间。[2]

[2] 艾俊川《中国印刷史新论》，中华书局，2022 年，第 9 至 10 页。

附：南北朝时期　未明确纪年

唐代何延之《兰亭记》：“（智永禅师）常居永欣寺阁上临书，所退笔头，置之于大竹簏，簏受一石余，而五簏皆满。”[3]

甘肃省博物馆藏敦煌莫高窟藏经洞出土北朝《首行品法句经第卅八》经卷，残长 143.7 厘米，宽 25 厘米。此为佛教早期经典，以隶书抄写在白麻纸上。白麻纸虽已泛黄，但表面光滑，纸质坚韧。[4]

敦煌研究院藏北魏楷书佛经写本《大般涅槃经如来性品第四》，白麻纸本。高 27.5 厘米，宽 322 厘米。[5]

[3] 张彦远撰，武良成、周旭点校《法书要录》，浙江人民美术出版社，2019 年，第 102 页。

[4] 国家文物局、中国科学技术协会编《奇迹天工：中国古代发明创造文物展》，文物出版社，2008 年，第 186 页。

[5] 敦煌研究院编，樊锦诗主编《敦煌艺术大辞典》，上海辞书出版社，2019 年，第 594 页。

隋朝时期

公元 581 年　辛丑
隋文帝开皇元年　陈宣帝太建十三年

唐代魏徵《隋书 · 帝纪 · 炀帝》：晋王杨广（569—618）“尝观猎遇雨，左右进油衣。上曰：‘士卒皆沾湿，我独衣此乎。’乃令持去”。[1] 说明至迟在隋朝已经掌握了通过涂布工艺制作防水“油衣”的方法。

[1] 魏徵《隋书》，中华书局，1973 年，第 59 页。

公元 588 年　戊申
隋文帝开皇八年　陈后主祯明二年

隋下诏伐陈，写诏书 30 万纸遍谕江外。见清代乾隆《御批历代通鉴辑览》卷四十六：“（开皇八年）春三月，隋下诏伐陈。诏曰：陈叔宝据手掌之地，恣溪壑之欲，劫夺闾阎，驱迫内外，穷奢极侈。俾昼作夜，斩直言之客，灭无罪之家，欺天造恶，祭鬼求恩。君子潜逃，小人得志。天灾地孽，物怪人妖。每关听览，有怀伤恻。可出师授律，应机诛殄，在斯一举永清。吴越又送玺书，暴陈主二十恶，写诏三十万纸遍谕江外。”[2]

[2] 乾隆《御批历代通鉴辑览》卷四十六，钦定四库全书本。

公元589年　己酉
隋文帝开皇九年　陈后主祯明三年

当时中国人已使用纸张作为厕纸。见隋代颜之推《颜氏家训》卷五："其故纸有《五经》词义及贤达姓名，不敢秽用也。"[1]

[1] 颜之推《颜氏家训》，中华书局，2011年，第45页。

公元593年　癸丑
隋文帝开皇十三年

雕版印刷是在雕刻图文的木板、铜板上涂墨印刷的技术。从印章、碑拓等发展而来，隋唐始用于印制佛经，至宋盛行，书籍的传播方式由此从写本时代进入刻本时代。

费长房《历代三宝记》卷十二："开皇十三年十二月八日，隋皇帝佛弟子姓名敬白。十方尽虚空，遍法界一切诸佛、一切诸法、一切诸大贤圣僧。仰惟如来慈悲，弘道垂教。救拔尘境，济渡含生。断邪恶之源，开仁善之路。自朝及野，咸所依凭。属周代乱常，侮蔑圣迹，塔宇毁废，经像沦亡。无隔华夷，扫地悉尽。致使愚者无以导惛迷，智者无以寻灵圣。弟子往藉，三宝因缘，今膺千年昌运；作民父母，思拯黎元；重显尊容，再崇神化。颓基毁迹，更事庄严；废像遗经，悉令雕撰。"[2]

明代陆深（1477—1544）《河汾燕闲录》卷上曰："隋开皇十三年十二月八日敕：废像遗经，悉令雕造，此印书之始。"[3]

[2] 严可均《全上古三代秦汉三国六朝文》，《全隋文》卷三，中华书局，1958年，第4034b页。

[3] 刘国钧《中国书史简编》，书目文献出版社，1982年，第55页。

公元 600 年　庚申
隋文帝开皇二十年

中国国家图书馆藏隋开皇二十年写本《护国般若波罗密经》卷下用纸，每张直高 25.5 厘米，横长 53.2 厘米，经化验为楮皮纸，且以黄柏染成黄色，出自敦煌石室。[1]

[1] 潘吉星《中国科学技术史·造纸和印刷卷》，科学出版社，1998 年，第 142 页。

公元 605 至 617 年
隋炀帝大业年间

虞世南编成《北堂书钞》160 卷刊行，为中国现存最早的类书。

尚书左丞郎茂将各州送来的图经，按新划分的区域汇总为《诸州图经集》100 卷，将有关各地风俗特产的介绍编纂成《诸郡特产土俗记》151 卷，并上奏隋炀帝。见《隋书·经籍志二》。

公元 607 年　丁卯
隋炀帝大业三年

孙思邈（581—682）撰《太清丹经要诀》。其中记载“伏雌雄二黄法”是合成彩色金的丹方。

公元 609 年　己巳 隋炀帝大业五年

日本推古天皇（592—628 在位）十八年，高句丽僧人昙征传造纸法入日本。[1]

[1]【日】前川新一《和纸文化史年表》，日本思文阁出版，1998 年，第 5 页。

附：隋朝时期　未明确纪年

安徽省博物馆藏隋代写本《法华大智论》经卷，长 911 厘米，宽 26 厘米，所用纸张为麻纸，纸质精匀，纹理细美。纸面因染有黄蘗汁而呈药黄色。[2]

隋唐官印改为朱文和印形增大，是在北周时期孕育成形的，至隋代成为定制。从根本上说，这适应了钤朱取代封泥之制的客观要求。在纸质文书上钤印，只有改白文印为朱文印，才能与人们从封泥上抑出文字所获得的视觉习惯保持一致。[3]

[2] 国家文物局、中国科学技术协会编《奇迹天工：中国古代发明创造文物展》，文物出版社，2008 年，第 187 页。

[3] 孙慰祖《中国印章——历史与艺术》，外文出版社，2010 年，第 170 页。

唐朝时期

公元 618 年　戊寅
隋炀帝大业十四年　唐高祖武德元年

1974 年，在陕西省西安市西安柴油机械厂基建工地唐墓中出土印本梵文《陀罗尼经咒》，长 27 厘米，宽 26 厘米，质地为麻纸。首见黄宫十二道图案印刷品。[1]

政府规定各州郡每三年向中央造送地图一次。建中元年（780）改为五年造送一次。[2] 天成三年（928）又改为闰年造送一次。

[1] 保全《世界最早的印刷品——西安唐墓出土印本陀罗尼经咒》，《中国考古学研究论集——纪念夏鼐先生考古五十周年》，三秦出版社，1987 年，第 404 页。

[2] 唐锡仁、杨文衡《中国科学技术史·地学卷》，科学出版社，2000 年，第 285 页。

公元 620 年　庚辰
唐高祖武德三年

1973 年，在阿斯塔纳高昌时期墓群中出土了氾法济夫妇合葬墓（214 号墓），墓主氾法济的墓志纪年为高昌重光元年（620）。其妻戴的纸冠圈上粘有一段金箔纸，纸料为皮纸，薄而细，纸面上有大约 0.5 厘米见方的金箔，至今仍闪闪发光，是最早的冷金笺的实物标本。[3]

[3] 员雅丽《金花纸发展脉络及其在中亚的传播研究》，《首都师范大学学报（社会科学版）》2024 年第 2 期，第 2 页。

公元 624 年　甲申
唐高祖武德七年

欧阳询（557—641）等编撰的《艺文类聚》成书。全书 100 卷，是中国现存最早的官修类书。《艺文类聚》与徐坚等撰《初学记》、白居易撰《白氏六帖事类篇》、虞世南撰《北堂书钞》并称为唐代四大类书。

公元 627 至 649 年
唐太宗贞观年间

所设织染署管理的纺、织、染作坊有：织纫作 10 个，组绶作 5 个，绸线作 4 个，练染作 6 个。表明唐代官营纺织染生产分工十分明确，规模亦很大。见《唐六典》卷二十二。

冯贽《云仙杂记》卷九“黄纸写敕”条：“贞观中，太宗诏用麻纸写敕诏。高宗以白纸多虫蛀，尚书省颁下州县并用黄纸。”[1]经染潢的纸张称为“硬黄纸”，又见南宋赵希鹄《洞天清录》“硬黄纸”条：“硬黄纸，唐人用以书经，染以黄檗，取其辟蠹，以其纸如浆，泽莹而滑。故善书者多取以作字。”[2]

[1] 冯贽《云仙杂记》卷九，中华书局，1985 年，第 67 页。

[2] 赵希鹄《洞天清录》，钦定四库全书本。

公元 636 年　丙申
唐太宗贞观十年

“太宗后长孙氏……遂崩，年三十六，上为之恸，及宫司上其所撰《女则》，十篇采古妇人善事……帝览而嘉叹，以后此书垂后代，令梓行之。”[1] 梓行即雕版印刷，表明当时已有雕版印刷术。

[1] 邵经帮《弘简录》卷四十六。参见李致忠《古书版本鉴定（重订本）》，北京联合出版公司，2021 年，第 60 至 61 页。

公元 639 年　己亥
唐太宗贞观十三年

阿拉伯帝国第二任哈里发欧默尔派大将阿姆鲁率军侵入埃及。640 年，在尼罗河三角洲南端希利俄波利斯大败拜占庭军。642 年攻占开罗，拜占庭军在其海军基地亚历山大港投降。从此埃及成为阿拉伯世界的一部分，穆斯林埃及定都福斯塔特。[2]

[2] 陈显泗主编《中外战争战役大辞典》，湖南出版社，1992 年，第 502 页。

公元 641 年　辛丑
唐太宗贞观十五年

文成公主（约 625—680）入西藏，与吐蕃松赞干布成婚。汉地书籍、经像，汉族的历算、医药、制陶、造纸、酿酒等工艺随之传入。见《唐史 · 吐蕃传》。

玄奘（602—664）西行回到长安。往返 17 年，旅程五万里，所历“百有三十八国”，带回大小乘佛教经律论共 520 夹，657 部。见玄奘《谢敕赉经序启》：“遂使给园精舍，并入提封；贝叶灵文，咸归册府。”[3]

[3] 高永旺译注《大慈恩寺三藏法师传》卷六，中华书局，2018 年，第 388 页。

公元 650 年　庚戌
唐高宗永徽元年

撒马尔罕已使用中国输入的纸。[1]

潘吉星指出，与中国关系密切的中亚各国中，纸字的波斯语为 kagaz，中亚粟特语为 kayadi，都是汉语“穀纸”的讹音，最后演变成后来的阿拉伯语 kaghad。

周法高先生在劳榦氏文后写了一篇《论中国造纸术之原始后记》，他先引 Laufer 氏旧布纸（rag-paper）节文说：“Horn 氏以为波斯文中的汉语借字，也许有 kāgad 或 kagid（纸）。Hirth 氏曾说从波斯文得来的阿拉伯字 kāgid（纸）可以回溯到汉文的‘穀纸’（古读 kokdz）。此说为 Karabacek 和 Hoernle 两氏所采。Laufer 反对此说。他认为这个波斯 - 阿拉伯字（Persian-Arabic word）是借自一种突厥语（Turkish language）：Uigur，kagat 或 kagas；Tuba，Lebed，Kumandu，Comanian，kagt；Kirgir，Karakirgir，Taranči 和 Karan，kagar。这个字的来源可以从突厥语得到解释；因为在 Label，Kumandu 和 Sor，我们有 kagas，解作‘树皮’。此外印度（Indian）语中：Hindi kāgad，Urdu kāgar，Tamil kagidam，Malayalam kāyitam，Kannada kagada，kãcmīrī kakar；在印度支那（Indo-chinese）语中：Siamese kadat，Kanauri kagli。唐礼言梵语杂名：纸，‘迦迦里’kakari；义净梵语千字文：kākali‘迦引迦哩’，纸。”[2]

[1] Dard Hunter.Papermaking: The History and Technique of an Ancient Craft(Alfred A. Knopf,Inc,1947),468.

[2] 凌纯声《中国古代的树皮布文化与造纸术发明》，《树皮布印文陶与造纸印刷术发明》，“中央研究院”民族学研究所，1963 年，第 16 至 17 页。

公元 651 年　辛亥
唐高宗永徽二年

据法国汉学家劳费尔（Berthold Laufer，1874—1934）研究，

波斯萨珊王朝（226—651）期间已用中国所产的纸书写宫廷文书。[1]

[1] Berthold Laufer.Paper and Printing in Ancient China (Caxton Club,1931).

公元654年　甲寅
唐高宗永徽五年

由于水碾、水磨大量使用严重影响灌溉用水，从而发生大规模毁碾、磨事件。此后的开元九年（721）、广德二年（764）又发生两次大规模毁碾、磨事件。[2]

北宋苏易简《文房四谱·纸谱》："永徽中，定州僧修德欲写《华严经》。先以沉香渍水，种楮树，俟其拱，取之造纸。"[3]

[2] 谭徐明《中国水力机械的起源、发展及其中西比较研究》，《自然科学史研究》，1995年第1期。

[3] 苏易简《文房四谱·纸谱》，中华书局，2011年，第202页。

公元658年　戊午
唐高宗显庆三年

高宗遣使分往康国、吐火罗等地，访其风俗物产，画图以闻。许敬宗（592—672）根据这些资料编纂成《西域图志》六十卷。见《新唐书·许敬宗传》。

公元668年　戊辰
唐高宗乾封三年　总章元年

新疆吐鲁番阿斯塔那304号墓发现一些颜色鲜艳的唐代丝织物，其中有一条以夹缬方法染色印花的裙子。整个裙子幅花纹是遗留的染缬时穿线的针眼还清晰可见。五彩夹缬流行于盛唐。[1]

夹缬，是镂空双面版染的印花工艺。用镂刻的两块花纹相同的型版将织物夹紧固定，浸入染缸或于镂空处刷印色浆，被夹紧的部分保留本色，取下型版后花纹即现。其实物最早见于新疆地区的南北朝时期墓葬，皆为单色印染。至隋唐发展为多色，唐中期以来流行。

1963 至 1965 年间，新疆吐鲁番阿斯塔那—哈拉和卓唐墓中出土毛笔 2 支。其中 1 支笔杆为木质，长 14 厘米，形制上大致与日本正仓院所藏“唐笔”接近。另 1973 年出土木笔架 1 件。现藏新疆维吾尔自治区博物馆。

1964 年，在新疆吐鲁番阿斯塔那二十九号唐墓出土苇杆毛笔 1 支。笔杆为芦苇秆制成，长 14 厘米，通长 16.2 厘米。现藏新疆维吾尔自治区博物馆。[2]

[1] 赵承泽《中国科学技术史·纺织卷》，科学出版社，2003 年，第 49 页。

[2] 参见新疆维吾尔自治区博物馆《新疆出土文物》，文物出版社，1975 年；新疆维吾尔自治区博物馆《吐鲁番县阿斯塔那 - 哈拉和卓古墓群发掘简报（1963—1965）》，《文物》1973 年第 10 期；王学雷《古笔》，中华书局，2022 年，第 175 至 176 页。

公元 672 年　壬申
唐高宗咸亨三年

释怀仁集晋王羲之书，成《集王书圣教序》。咸亨三年十二月，诸葛神力、朱静藏将此刻石成碑。

民国时期，敦煌藏经洞出土一件唐代完整的官方手抄本《金刚般若波罗蜜经》，落款有详细的明确纪年，群书手名和用纸等信息：“咸亨三年六月七日门下省群书手程待宾写，用小麻纸二十纸。”现藏甘肃敦煌高台县博物馆。

敦煌市博物馆藏唐写本《妙法莲花经卷第六》，卷长 325 厘米，高 26.2 厘米。黄檗纸，纸质薄而略有光泽。

敦煌遗物中，多数的纸为大麻及楮皮所制，也有少数用苎麻制成。[3]

[3] 钱存训《中国纸和印刷文化史》，国家图书馆编《钱存训文集》第二卷，国家图书馆出版社，2012 年，第 57 至 58 页。

公元 677 年　丁丑
唐高宗仪凤二年

唐京兆（今西安）崇福寺僧人法藏（643—712）撰《华严五教章》成书。

1976 年日本学者神田喜一郎（1897—1984）在《日本学士院纪要》（34—2）发表《有关中国印刷术的起源》一文。他从汉文大藏经中读出唐代僧人法藏的几段讲经文字，认为中国雕版印刷起源年代在 7 世纪后半叶唐高宗及武则天当政时期（649—705）的“初唐说”。[1]

[1] 参见艾俊川《中国印刷史新论》，中华书局，2022 年，第 2 至 3 页。

公元 678 年　戊寅
唐高宗仪凤三年

自埃及为伊斯兰势力占领后，纸草输入日少。至是年，（法兰克）宫廷中正式停止纸草使用，逐渐以羊皮代之。

公元 701 年　辛丑
武周长安元年

日本大宝元年制定的《大宝律令》中有相关造纸、造笔、造墨的制度，包括图书室设造纸匠 4 人，山城国设纸户 50 户专门从事造纸。[2]

[2] 【日】前川新一《和纸文化史年表》，日本思文阁出版，1998 年，第 6 页。

公元 702 年　壬寅
武周长安二年

在唐代写本上曾出现纸字的变体“絺”。随着“纸”字主导地位的确立，人们可能觉得“帋”字构造不合理，于是又仿照“纸”字，给“帋”加了个“糸”旁。如阿斯塔那 M518 唐长安二年僧尼赴州事状（73TAM518：2/3—3），记载“多少絺笔”；又如敦煌出土的晚唐五代写本《开蒙要训》，多个卷子都写作“笔砚絺墨”。[1]

[1] 参见郭伟涛、马晓稳《中国古代造纸术起源新探》，《历史研究》2023 年第 4 期。

法藏《华严经传记卷》（702）第五：“（释德圆）常以华严为业，读诵禅思，用为恒准。周游讲肆，妙该宗极。钦惟奥典，希展殷诚。遂修一净园，树诸穀楮，并种香草杂华。洗濯入园，溉灌香水，楮生三载，馥气氛氲。别造净屋，香泥壁地。洁檀净器，浴具新衣，匠人齐戒，易服入出，必盥漱熏香。剥楮取皮，浸以沈水，护净造纸，毕岁方成。”

公元 704 年　甲辰
武周长安四年

1966 年，在原新罗王国都城庆州的佛国寺释迦石塔中发现汉文印本《无垢净光大陀罗尼经》，是目前已知最早的印刷品。公元 751 年作为礼品被带往朝鲜。[2]

[2] 张秀民《中国印刷史》，上海人民出版社，1989 年，第 32 至 34 页。

日本学者长泽规矩（1902—1980）证明日本藏有中国吐鲁番出土的《妙法莲华经》一卷，内容为《分别功德品》第十七，黄麻纸，行 19 字，系武则天时期的印刷品。

公元 705 年　乙巳
唐中宗神龙元年

阿拉伯伊拉克总督遣副将屈底波率兵渡阿克苏河（今阿姆河），入侵隶属于中国安西都护府的昭武九姓诸国。

公元 707 年　丁未
唐中宗景龙元年

日本庆云四年

日本正仓院藏王勃《诗序》日本唐写本，用色泽不同的染色麻纸书写，是目前所知最早的王勃作品写本。[1]

[1] 【日】前川新一《和纸文化史年表》，日本思文阁出版，1998 年，第 7 页。

公元 711 年　辛亥
唐睿宗景云二年

阿拉伯和北非穆斯林（西方称摩尔人）越过地中海直布罗陀海峡，征服伊比利亚半岛的西哥特王国，建立安达卢斯（Al-Andaluz，711—1492）。

公元713至741年 唐玄宗开元年间

五代后晋刘昫（888—947）《旧唐书·经籍志下》：“开元时，甲乙丙丁四部书各为一库，置知书官八人分掌之。凡四部库书，两京各一本，共一十二万五千九百六十卷，皆以益州麻纸写。其集贤院御书，经库皆钿白牙轴、黄缥带、红牙签；史书库钿青牙轴、缥带、绿牙签；子库皆雕紫檀轴、紫带、碧牙签；集库皆绿牙轴、朱带、白牙签；以分别之。”[1]

《增刊校正王状元集注分类东坡先生诗》卷十一：“（开元中）上与太真妃游赏，命李龟年持金花笺宣赐翰林供奉李白，进清平调词三章。”[2]

《开元杂报》是唐代开元年间在首都长安皇宫门外，朝廷每日分条发布有关皇帝与百官动态的朝政简报，是现在已知世界上年代最早的报纸。见孙樵《读开元杂报》（唐宣宗大中五年，851）。湖北省江陵杨氏曾收藏《开元杂报》7页。[3]

萧诚造五色斑纹纸。[4]

张泌《妆楼记》中记录了开元初年宫中使用的一方“风月常新”的印记，钤于女子身上，以为进御于皇帝的标记，印泥乃是用肉桂油调制的。[5]

方士张果《玉洞大神丹砂真要诀》对丹砂（硫化汞）的讲解和描述最为翔实。[6]

南宋王谠《唐语林》卷四“贤媛”条：“（唐玄宗柳婕妤之妹）性巧慧，因使工镂板为杂花，象之而为夹结（缬）。”[7]

[1] 刘昫《旧唐书》卷四十七，中华书局，1975年，第2082页。

[2] 苏轼撰，王十朋注《增刊校正王状元集注分类东坡先生诗》卷十一，四部丛刊初编本。

[3] 孙毓修《中国雕版源流考汇刊》，中华书局，2023年，第5页；【日】前川新一《和纸文化史年表》，日本思文阁出版，1998年，第7页。

[4] 【日】前川新一《和纸文化史年表》，日本思文阁出版，1998年，第7页。

[5] 孙慰祖《中国印章——历史与艺术》，外文出版社，2010年，第169页。

[6] 赵匡华、周嘉华《中国科学技术史·化学卷》，科学出版社，1998年，第339页。

[7] 王谠《唐语林》卷四，大象出版社，2019年，第158页。

公元 713 年　癸丑
唐玄宗开元元年

薛稷（649—713）卒。薛稷称楮皮纸为“楮国公”。唐代冯贽《云仙杂记》卷六“纸封九锡”条：“（薛）稷又为纸封九锡，拜楮国公、白州刺史、统领万字军界道中郎将。”[1]

[1] 冯贽《云仙杂记》卷六，中华书局，1985 年，第 48 页。

公元 714 年　甲寅
唐玄宗开元二年

五代陶谷（903—970）《清异录》卷下“宝相枝”：“开元二年，赐宰相张文蔚、杨涉、薛贻宝相枝各二十，龙鳞月砚各一。宝相枝，斑竹笔管也，花点匀密，纹如兔毫。鳞，石纹似之；月，砚形象之，歙产也。”[2]

[2] 陶谷《清异录》卷下，大象出版社，2019 年，第 108 页。

公元 715 年　乙卯
唐玄宗开元三年

《新唐书·艺文志》：“既而太府月给蜀郡麻纸五千番，季给上谷墨三百三十六丸，岁给河间、景城、清河、博平四郡兔千五百皮为笔材。两都各聚书四部，以甲、乙、丙、丁为次，列经、史、子、集四库。其本有正有副，轴带帙签皆异色以别之。”[3]

[3] 欧阳修《新唐书》卷五十七，中华书局，1975 年，第 1422 至 1423 页。

公元716年　丙辰
唐玄宗开元四年

北宋王溥（922—982）《唐会要》卷五九《尚书省诸司下·户部员外郎改复并与郎中同》："开元四年五月二十九日敕：'蠲符，每年令当州取紧厚纸，背上皆书某州某年及纸次第，长官句当同署印记，京兆、河南六百张，上州四百张，中州三百张，下州二百张。安南、道、广、桂、容等五府，准下州数，管内州蠲同。此纸不别书题州名，并赴朝集使，送户部本判官掌纳，依次用之。'"[1]

北宋欧阳修（1007—1072）《新唐书》卷五十一："玄宗初立求治，蠲徭役者给蠲符，以流外及九品京官为蠲使，岁再遣之。"[2]

南宋周煇（1126—1198）《清波别志》卷上："唐户部有蠲符，开元四年，敕诸郡取紧厚纸，背皆书某州某年及纸次第，长官、管干同署印记，并送朝集使，上户部本部官掌纳，依次第用之，其贵重如此。"[3]

五代陶宗仪《说郛》卷二十四上"蠲纸"条："温州作蠲纸，洁白坚滑，大略类高丽纸。东南出纸处最多，此当为第一焉。由拳皆出其下，然所产少。至和以来方入贡，权贵求索浸广，而纸户力已不能胜矣。吴越钱氏时，供此纸者，蠲其赋役，故号蠲云。"[4]

明代杨慎（1488—1559）《谭菀醍醐》："古有蠲纸，以浆粉之属，使之莹滑。蠲之，为言洁也。诗吉蠲为饎周礼宫人除其不蠲。蠲纸之名，义取此。明代刘绩《霏雪录》：'蠲纸起于五代。民间有因亲疾刲股、亲丧庐墓，规免州县赋役，岁给蠲符，以蠲免之，号为蠲纸。'"[5]又"唐世有蠲纸，一名衍波笺，盖纸文如水文也"。[6]

[1] 王溥《唐会要》卷五十九，中华书局，1960年，第1019页。

[2] 欧阳修《新唐书》卷五十一，中华书局，1975年，第1345页。

[3] 周煇《清波别志》卷上，大象出版社，2019年，第151页。

[4] 陶宗仪《说郛》卷二十四，钦定四库全书本。

[5] 杨慎《谭菀醍醐》卷三，钦定四库全书本。

[6] 同上，卷四。

公元 718 年　戊午
唐玄宗开元六年

中国国家图书馆藏唐开元六年道教写经《无上秘要》卷第五十二，经化验也是楮皮纸，染成黄色，表面平滑，纤维细长，交织匀密，细帘条纹，同时表面经打蜡处理，属于蜡笺之类。经尾题款为："开元六年二月八日，沙洲敦煌县神泉观道士马处幽，并侄道士马抱一，奉为七代先亡及所生父母法界苍生，敬写此经供养。"[1]

[1] 潘吉星《中国科学技术史·造纸和印刷卷》，科学出版社，1998 年，第 142 页。

公元 723 年　癸亥
唐玄宗开元十一年

20 世纪 30 年代，在乌兹别克斯坦的撒马尔罕城西的穆格山出土了年代在公元 709 至 723 年之间的古纸。

公元 727 年　丁卯
唐玄宗开元十五年

徐坚等撰类书《初学记》。

日本神龟四年，正仓院文书《写经料纸账》："麻纸五千二百八十张，欠千二十张。"首见以"张"作为纸的计量单位。[2]

[2] 【日】前川新一《和纸文化史年表》，日本思文阁出版，1998 年，第 8 至 9 页。

公元 729 至 749 年

日本天平时代

日本制纸材料有楮皮、纸麻、斐麻，而胡桃皮（叶）、比佐宜叶、木芙蓉、恒津幡、莲叶、白土等用作植物染色和涂布。可见《正仓院文书》。[1]

日本正仓院藏天平时代古笔。据马衡考证：“天平时代为我国文物输入日本繁盛之时。正仓院所藏古物，多为唐制，故天平笔之制作，与王羲之《笔经》所记类多相合。”又“此天平笔被毫已脱，唯存其柱，柱根有物裹之，约占笔头之长五分之三，疑即麻纸也”。[2]

[1] 【日】前川新一《和纸文化史年表》，日本思文阁出版，1998 年，第 8 页。

[2] 马衡《记汉居延笔》，《凡将斋金石丛稿》，中华书局，1977 年，第 280 页。

公元 738 年　戊寅
唐玄宗开元二十六年

张九龄（678—740）等撰《唐六典》成。

《唐六典·中书省》：“自魏晋以后，因循有册书、诏、敕，总名曰诏。皇朝因隋不改。天后天授元年[3]，以避讳，改诏为制。今册书用简；制书、劳慰制书、发日敕用黄麻纸；敕旨，论事敕及敕牒用黄藤纸；其敕书颁下诸州用绢。”[4]

《唐六典》记载唐代明确规定了中书省、秘书省、太子府中熟纸匠、装潢匠的编制。中书省中“集贤殿学士”设“熟纸匠六人”[5]；秘书省中设“熟纸匠十人、装潢匠十人”[6]；太子府“崇文馆”设“熟纸匠三人、装潢匠五人”[7]。表明唐代的公文必须使用经过再加工的熟纸。

《唐六典》卷三：“江南道，古扬州之南境……厥贡……藤纸……”[8]

[3] 天授（690 年 10 月 16 日至 692 年 4 月 22 日）：武则天称帝后第一个年号，使用共计约两年半。武则天于载初元年九月壬午（690 年 10 月 16 日）改国号为周，改元天授。天授三年四月丙申朔（692 年 4 月 22 日），有日食，改元如意，结束天授年号使用。

[4] 张九龄《唐六典》卷九，钦定四库全书本。

[5] 同上，卷九。

[6] 同上，卷十。

[7] 同上，卷二十六。

[8] 同上，卷三。

公元744年　甲申
唐玄宗天宝三载

改“年”为“载”。

公元751年　辛卯
唐玄宗天宝十载

恒罗斯之战。唐军与大食军队在怛罗斯（今哈萨克斯坦江布尔城一带）发生激战。唐玄宗命高仙芝为安西节度使经略西域，多有征战，至此年高仙芝再率吐蕃、汉兵深入西亚，至怛罗斯与东进的大食阿拔斯王朝联军遭遇，双方大战，唐军败退。此战使大食东进之势被扼，唐军被俘者中多有工匠，使造纸、纺织等技术由此传入西方。

怛罗斯一役后，阿拉伯的极达（今伊拉克巴格达）和大马色（今叙利亚大马士革）和撒马尔罕等地开始陆续兴建造纸工场，自此大批阿拉伯生产的纸张，源源不断地输入欧洲。

阿拉伯世界的第一个纸厂在中亚撒马尔罕城建成投产，主要以破麻布为原料生产麻纸。自此撒马尔罕的纸成为阿拉伯世界东方一大特产，大量出口到西方。

大批唐兵及工匠被大食（阿拉伯）军队所掳。杜环为其中之一，后周游阿拉伯各国。公元762年，杜环由海路返回广州，后撰《经行记》，为到过埃及、苏丹、埃塞俄比亚的姓名可考的第一个中国人。杜环在大食曾见到中国工匠数人，其中有织工河东人吕礼等。[1]

[1] 邓苏宁编《中国古籍中的阿拉伯》，光明日报出版社，2021年，第144页。

公元 755 年　乙未
唐玄宗天宝十四载

现存新罗写本《大方广佛华严经》，卷尾题款注明写于天宝十四载（新罗景德王十四年）。用纸为楮皮纸，制纸人为仇叱珍兮县（现全罗南道长城郡珍原面）的黄珍知奈麻。作卷轴装，共 10 卷。

公元 757 年　丁酉
唐肃宗至德二载

1944 年，四川省成都市东门外望江楼唐墓出土了一份印本《陀罗尼经咒》，长 31 厘米、宽 34 厘米，印本由墓主手臂所戴银镯内取出，纸薄呈透明状，四周和中央印有小佛像，周围是 17 行梵文经咒，组成圆环状。经卷右边有一行汉字（残缺漏字）“唐成都府成都县龙池坊卞家印卖咒本”。[1] 此经咒所题“成都府卞家印卖”的时间当在 757 年之后。现藏中国国家博物馆。

[1] 国家文物局、中国科学技术协会编《奇迹天工：中国古代发明创造文物展》，文物出版社，2008 年，第 199 页。

公元 758 年　戊戌
唐肃宗至德三载 乾元元年

改“载”为“年”。

公元760年　庚子
唐肃宗乾元三年　上元元年

陆羽（733—804）撰《茶经》成，是中国乃至世界现存最早、最完整、最全面介绍茶的专著，被誉为茶叶百科全书。《茶经》全书分为上、中、下3卷，共10章节：上卷为“一之源”“二之具”“三之造”；中卷为“四之器”；下卷为“五之煮”“六之饮”“七之事”“八之出”“九之略”“十之图”。《茶经》：“纸囊，以剡藤纸白厚者夹缝之，以贮所炙茶，使不泄其香也。”[1]

[1] 陆羽《茶经》，四之器，中州古籍出版社，2015年，第18页。

公元762年　壬寅
唐肃宗上元三年　代宗宝应元年

是年，李白去世。去世前将诗文稿托付李阳冰，李阳冰为其作《草堂集序》。

北宋苏易简《文房四谱·纸谱》：“李阳冰云：纸常宜收藏箧笥，勿令风日所侵。若久露埃尘，则枯燥难用矣。攻书者宜谨之。”[2]

[2] 苏易简《文房四谱·纸谱》，中华书局，2011年，第181页。

公元765年　乙巳
唐代宗永泰元年

南宋姚宽（1105—1162）《西溪丛语》卷下：“则古用黄纸写书久矣，写讫入潢，辟蠹也。今惟《释藏经》如此，先写后潢。……则打纸工，盖熟纸匠也。予有旧佛经一卷，乃唐永泰元年奉诏于大明宫译，后有鱼朝恩（722—770）衔，有经生并装潢人姓名。”[1]

[1] 姚宽《西溪丛语》卷下，大象出版社，2019年，第204页。

公元767年　丁未
唐代宗大历二年

水车在关中地区推广。

北方丝织技术传到南方，南方丝绸制品“竞添花样，绫纱妙称江左矣”。[2]

[2] 李肇（876—945）《唐国史补校注》卷下，中华书局，2021年，第302页。

公元768年　戊申
唐代宗大历三年

1901年，维也纳大学植物学家朱利叶斯·威斯纳（Julius Wiesner）在化验斯坦因从新疆发掘出的唐大历三年（768）至贞元三年（787）5种有年款的文书纸时，敏锐地观察到其中有麻纤维、桑皮纤维和月桂纤维混合制浆造的纸。[3]

斯坦因在和阗发掘出西藏文佛经残卷，黄色纸，写成年代为8世纪末。此纸经威斯纳化验，认为由瑞香科植物纤维所造。[4]

[3] 潘吉星《中国科学技术史·造纸和印刷卷》，科学出版社，1998年，第145至146页。

[4] 同上，第144页。

公元770年　庚戌
唐代宗大历五年

日本神护景云四年

日本皇室命吉备真备主持印制的《百万塔陀罗尼经》毕。此为日本现存最早的雕版印刷品。[1]

正仓院文书《奉写一切经料纸墨纳账》："黄染纸七万五仟张。"[2]

[1] 宿白《唐宋时期的雕版印刷》，生活·读书·新知三联书店，2020 年，第 3 页。

[2] 【日】前川新一《和纸文化史年表》，日本思文阁出版，1998 年，第 14 页。

公元 787 年　丁卯
唐德宗贞元三年

北宋王溥《唐会要》卷六五《秘书省》："三年八月，秘书监刘太真奏：'准贞元元年八月二日敕，当司权宜停减诸色粮外，纸数内停减四万六千张。续准去年八月十四日敕，修写经书，令诸道供写书功粮钱，已有到日，见欲就功。伏请于停减四万六千张内，却供麻纸及书状藤纸一万张，添写经籍。其纸写书足日，即请停。又当司准格，楷书八年试优，今所补召，皆不情愿。又准今年正月十八日敕，诸道供送当省写经书及校勘《五经》学士等粮食钱。今缘召补楷书，未得解书人。元写经书，其历代史所有欠阙，写经书毕日余钱，请添写史书。'从之。"[3]

韩滉（723—787）用黄麻纸本设色画《五牛图》，长 139.8 厘米、宽 20.8 厘米，是现存最早的纸本中国画。[4]《五牛图》现藏故宫博物院。

[3] 王溥《唐会要》卷六十五，中华书局，1960 年，第 1125 页。

[4] 【日】前川新一《和纸文化史年表》，日本思文阁出版，1998 年，第 8 页。

公元 794 年　甲戌
唐德宗贞元十年

阿拉伯阿拔斯王朝期间

在大臣法德勒·伊本·叶哈雅的奏请下，阿拉伯帝国在巴格达开设纸厂，技术力量由撒马尔罕征调。后来叶哈雅的弟弟哲耳法尔奏请哈里发哈伦·拉希德（786—809 在位），下令政府所有文书一律用纸代替羊皮纸等古老材料。[1]

[1] 【美】菲利普·希提著，马坚译《阿拉伯通史》，新世界出版社，2015年，第376页；员雅丽《金花纸发展脉络及其在中亚的传播研究》，《首都师范大学学报（社会科学版）》2024年第2期。

公元800年　庚辰
唐德宗贞元十六年

埃及开始使用可能是从撒马尔罕或巴格达输入的纸张。[2]

[2] Dard Hunter.Papermaking: The History and Technique of an Ancient Craft(Alfred A. Knopf,Inc,1947),469.

公元801年　辛巳
唐德宗贞元十七年

杜佑（735—812）撰《通典》成，凡9门，共200卷，是中国第一部专门论述历代典章制度的综合性文献，开政书先河。《通典》是现存文献中最早出现“棉”字的典籍。中国古代只有“绵”字，即丝绵，为丝制品。大致在6世纪之后，为了区别蚕茧制成的“绵”，才演变出“棉”字。[3]

[3] 参见艾素珍、宋正海《中国科学技术史·年表卷》，科学出版社，2006年。

公元805年　乙酉
唐德宗贞元二十一年　顺宗永贞元年

中国茶树种子由日本高僧最澄传入日本。[4]

[4] 参见【美】威廉·乌克斯《茶叶全书（上）》，东方出版社，2011年。

公元 806 至 820 年
唐宪宗元和年间

广陵人李该绘制《地志图》。此图以五色绘制。[1]

北宋李石《续博物志》卷十：“元和中，元稹使蜀。营妓薛涛造十色彩笺以寄。元稹于松华纸上寄诗赠涛。蜀中松花纸、杂色流沙纸、彩霞金粉龙凤纸近年皆废，唯余十色绫纹纸尚在。”[2]

飞钱，唐后期出现的汇兑方式。又称“便换”“兑便”，其时商人常在长安付钱给各地方镇的进奏院或官府、富豪驻京的邸舍，领取文券，凭此到各地提取钱币或货物，反之亦然。至宋流行，又由此而发展出“交子”等早期纸币。

《宋史》卷一百八十一《食货下三·交子》：“会子、交子之法，盖有取于唐之飞钱。”[3]

[1] 吕温《吕和叔文集》卷三《地志图序》，四部丛刊初编本，叶八。

[2] 李石《续博物志》卷十，大象出版社，2019 年，第 79 页。

[3] 脱脱等《宋史》卷一百八十，中华书局，1985 年，第 4403 页。

公元 813 年　癸巳
唐宪宗元和八年

李吉甫（758—814）撰《元和郡县图志》40 卷。北宋图佚后，改称《元和郡县志》，存 34 卷。该书记载府、州、县的户数、沿革、山川、道里、贡赋等，为现存最早的较完整的地方总志。其中卷二十五：“由拳山，晋隐士郭文举所居。傍有由拳村，出好藤纸。”[4]

[4] 李吉甫《元和郡县图志》卷二十五，中华书局，1983 年，第 603 页。

公元 819 年　己亥
唐宪宗元和十四年

李肇撰《翰林志》成。其中记述了唐代公文用纸的相关规定："凡赐与、征召、宣索、处分，曰诏，用白藤纸。凡慰军旅，用黄麻纸并印。凡印批答、表疏，不用印。凡太清宫、道观、荐告、词文，用青藤纸朱字，谓之青词。凡诸陵、荐告、上表、内道、观叹、道文并用白麻纸。"[1]

[1] 李肇《翰林志》，《百川学海》本，叶三。

公元 821 年　辛丑
唐穆宗长庆元年

新罗纸作为贡物输入唐帝国。

公元 824 年　甲辰
唐穆宗长庆四年

韩愈（768—824）卒。韩愈《毛颖传》："颖与绛人陈玄、弘农陶泓及会稽楮先生友善，相推致，其出处必偕。"[2] 称纸为"会稽楮先生"。

南宋邵博《邵氏闻见后录》卷二十八："近世薄书学，在笔墨事类草创，于纸尤不择。唐人有熟纸、有生纸。熟纸，所谓妍妙辉光者，其法不一；生纸，非有丧故不用。退之《与陈京书》云：'《送孟郊序》用生纸写。'言急于自解，不暇择耳。今人少有知者。"[3]

[2] 清乾隆御定，乔继堂点校《唐宋文醇》上，上海科学技术文献出版社，2020 年，第 165 页。

[3] 邵博《邵氏闻见后录》卷二十八，大象出版社，2019 年，第 308 页。

李肇《唐国史补》卷下："纸则有越之剡藤、苔笺；蜀之麻面、屑末、滑石、金花、长麻、鱼子、十色笺；扬之六合笺；韶之竹笺；蒲之白薄、重抄；临川之滑薄；又宋亳间有织成界道绢素，谓之乌丝栏、朱丝栏；又有茧纸。"[1]

元稹（779—831）为白居易（772—846）《白氏长庆集》作序："然而二十年间，禁省、观寺、邮候墙壁之上无不书，王公妾妇、牛童马走之口无不道。至于缮写模勒，衒卖于市井，或持之以交酒茗者，处处皆是。"[2]

[1] 李肇《唐国史补校注》卷下，中华书局，2021年，第286页。

[2] 白居易《白氏长庆集》序，钦定四库全书本。

公元 828 年　戊申
唐文宗大和二年

新罗入唐使大廉持茶种回国，并种植。[3]

[3] 朴真奭《中朝经济文化交流史研究》，辽宁人民出版社，1984年，第34页。

公元 829 年　己酉
唐文宗大和三年

龙骨水车由中国传入日本。[4]

南诏攻陷成都，掠去百工，南诏手工技艺由此大发展。

[4] 唐耕耦《唐代水车的使用与推广》，《文史哲》1978年第4期，第75页。

公元 830 年　庚戌
唐文宗大和四年

北宋王溥《唐会要》卷三十五："（大和）四年二月，集贤院奏：大中二年正月一日以后至年终，写完贮库及填缺书籍三百六十五卷，计用小麻纸一万一千七百七张。"[1]

[1] 王溥《唐会要》卷三十五，中华书局，1960 年，第 645 页。

公元 831 年　辛亥
唐文宗大和五年

《唐会要·太府寺》："太和五年八月太府奏，斗称旧印，本是真书，近日已来假伪转甚，今诸省寺各撰新印，改篆文，敕旨，宜依。"[2]

[2] 同上，第 1155 页。

公元 833 年　癸丑
唐文宗大和七年

"开成石经"刊刻，至开成二年（837）成，又称"唐石经"，为唐代十二经刻石。每一经篇标题为隶书，经文为楷书，是我国古代七次刻经中保存最完好的一部，现藏西安碑林博物馆。

公元 835 年　乙卯
唐文宗大和九年

冯宿（767—836）出为剑南东川节度使，《全唐文》卷六二四《请禁印时宪书疏》：“准敕禁断印历日版。剑南两川及淮南道，皆以版印历日鬻于市。每岁司天台未奏颁下新历，其印历已满天下，有乖敬授之道。”[1] 此为关于中国印刷的最早、最可信的文献记载。[2]

舒元舆（791—835）作《悲剡溪古藤说》：“剡溪上绵西五百里，多古藤，株枿逼土，虽春入土脉，他植发活，独古藤气候不觉，绝尽生意。予以为本乎地者，春到必动，此藤亦本于地，方春且有死色。遂问溪上人。人有道者言：‘溪中多纸工，持刀斩伐无时，擘剥其皮肌以给其业。’噫！藤虽植物者，温而荣、寒而枯、养而生、残而死，亦将似有命于天地间。今为纸工斩伐，不得发生，是天地气力为人中伤致。一物疵疠之若此。异日过数十百郡，洎东雒西雍，历见言书文者皆以剡纸相夸，乃寤曩见剡藤之死，职正由此过，固不在纸工，且今九牧士人自专，言能见文章户牖者，其数与麻竹相多。听其语，其自安重，皆不啻握骊龙珠。虽苟有晓寤者，其论甚寡；不胜众者，亦皆敛手无语；胜众者，果自谓天下文章归我，遂轻傲圣人道，使周南、邵南风骨折入于杨白。华中言偃卜、子夏文学陷入于淫靡放荡中，比肩握管动盈数千百人，下笔动数千万言，不知其为谬误，日日以纵自。然残藤之命易甚，桑枲波波，颓沓未见其止，如此则妄言文辈。谁非书剡纸者耶？纸工嗜利，晓夜斩藤以鬻之，虽举天下为剡溪，犹不足以给，况一剡溪者耶？以此，恐后之日不复有藤生于剡矣。大抵人间费用，苟得着其理为不枉之道，在则暴耗之，过莫由横。及于物，物之资人，亦有其时，时其斩伐，不为夭阏。予谓今之错为文者，皆夭阏。剡溪藤之说也，藤生也有涯，而错为文者无涯，世之损物不直于剡藤而已。予所以取剡藤，以寄其悲。”[3] 表明当时剡溪流域的藤皮资源已近枯竭，当地造纸业逐渐转向竹纸生产。

[1] 周绍良《全唐文新编》第 3 部第 3 册，卷六二四，吉林文史出版社，2000 年，第 7062 页。

[2] 李晓岑《云南少数民族的造纸与印刷技术》，《中国科技史料》1997 年第 1 期，第 3 页。

[3] 李昉《文苑英华》卷三百七十四，中华书局，1966 年，第 1911a 至 1911b 页。

公元 847 年　丁卯
唐宣宗大中元年

张彦远撰《历代名画记》最早记载“宣纸”一词。“宣纸”一词最早见于唐代张彦远《历代名画记》卷二：“好事家宜置宣纸百幅，用法蜡之，以备摹写。”[1] 据北宋李焘《续资治通鉴长编》卷二百五十四“神宗朝”：“诏：降宣纸式下杭州，岁造五万番。自今公移常用纸，长短广狭，毋得用宣纸相乱。”[2] 可见当时宣纸品质极好，为宋代一种造纸法式。

日本僧人惠运携带印本《降三世十八会》归国，见《惠运律师书目录》：“降三世十八会印子一卷。”[3]

唐代范摅《云溪友议》卷下：“（纥干泉）镇江右……乃作《刘弘传》，雕印数千本。”范摅，咸通间人。纥干泉在大中元年迄三年时，任江西观察使。[4]

[1] 张彦远《历代名画记》卷二，浙江人民美术出版社，2019 年，第 29 页。

[2] 李焘《续资治通鉴长编》卷二百五十四，中华书局，2004 年，第 6212 页。

[3] 宿白《唐宋时期的雕版印刷》，生活·读书·新知三联书店，2020 年，第 1 页。

[4] 同上，第 2 页。

公元 850 年　庚午
唐宣宗大中四年

荛花类树皮在日本用于造纸原料，[5] 日本称之为“雁皮纸”（Gampi）。

[5] Dard Hunter.Papermaking: The History and Technique of an Ancient Craft(Alfred A. Knopf,Inc,1947),470.

公元 861 年　辛巳
唐懿宗咸通二年

敦煌所出咸通二年写本《新集备急灸经》末书有“京中李家于

东市印”一行，说明此写本系据李家印本转录者。因此可知，京中东市李家印本的时间，不会迟于唐懿宗咸通二年。[1]

[1] 宿白《唐宋时期的雕版印刷》，生活·读书·新知三联书店，2020 年，第 2 页。

公元 863 年　癸未
唐懿宗咸通四年

段成式（803—863）编撰《酉阳杂俎》，书中记述了大量动植物和相关知识。

北宋苏易简《文房四谱 · 纸谱》：“段成式在九江，出意造纸，名云蓝纸，以赠温飞卿。”[2]

[2] 苏易简《文房四谱 · 纸谱》，中华书局，2011 年，第 204 页。

公元 868 年　戊子
唐懿宗咸通九年

四月十五日，王玠印造《金刚般若波罗蜜经》。经卷由 7 张印页裱成，高一尺，长十六尺，是唐代标准的开本。全卷兼有插图，刻工精美，经卷末尾题有“咸通九年四月十五日王玠为二亲敬造普施”一行字，是现存卷轴形式印刷品中具有明确年代标志的最早印本。1907 年，斯坦因的第二次中亚探险途中，在中国甘肃敦煌千佛洞一处石窟中得到此经并携回伦敦。现藏伦敦英国博物馆。

公元 875 年　乙未
唐僖宗乾符二年

阿拉伯人在中国游历中见中国人已使用卫生纸。[1]

段公路撰《北户录》（875）“香皮纸”条注：“罗州多栈香，树身如柜柳，其华繁白，其叶似橘皮，堪捣为纸，土人号为‘香皮纸’。作灰白色，文如鱼子笺，今罗辨州皆用之。小不及桑根竹膜纸（注：睦州出之）、松皮纸、侧理纸也。”[2]

[1] Dard Hunter.Papermaking: The History and Technique of an Ancient Craft(Alfred A. Knopf,Inc,1947),470.

[2] 段公路《北户录》卷三，中华书局，1985 年，第 42 页。

公元 883 年　癸卯
唐僖宗中和三年

《旧五代史》卷四十三《唐明宗纪第九》注引柳玭《家训序》曰：“中和三年癸卯夏，銮舆在蜀之三年也。余为中书舍人，旬休，阅书于重城之东南，其书多阴阳、杂记、占梦、相宅、九宫、五纬之流，又有字书、小学。率雕版印纸，浸染不可尽晓。”[3] 说明当时四川一带雕版刻书业十分发达。

[3] 薛居正等《旧五代史》卷四十三，中华书局，1976 年，第 589 页。

公元 885 年　乙巳
唐僖宗中和五年　光启元年

张大庆编成《沙洲都督府图经》，残本现存敦煌遗书中，是中国现存最早的图经之一，存世唐代图经中门目最多篇幅最长的一部。1908 年，法国人伯希和（Paul Pelliot，1878—1945）得自敦煌藏经洞，原稿存于法国巴黎国家图书馆。首尾残缺，其存者长不逾三丈，有经无图，文字 510 行，计 7073 字。1916 年，伯希和据卷尾“沙州都督府图经卷三”字样，定名为《沙州都督府图经》。

公元 894 年　甲寅
唐昭宗乾宁元年

1956 年，在云南大理凤仪镇白（北）汤天法藏寺发现大理国写经《护国司南抄》（年代为公元 894 年）。此为在云南地区发现的最早的纸张。[1] 现已断裂，分别藏于云南省图书馆和云南省社科院图书馆。

[1] 李晓岑《云南少数民族的造纸与印刷技术》，《中国科技史料》1997 年第 1 期，第 4 页。

约公元 900 年　庚申
唐昭宗光化三年

阿拉伯阿拔斯王朝时，在开罗设立北非的第一个采用中国方法造纸的纸厂。[2]

[2] Dard Hunter.Papermaking: The History and Technique of an Ancient Craft(Alfred A. Knopf,Inc,1947),470.

附：唐朝时期　未明确纪年

唐代在造纸方面获得长足的发展，造纸原料不仅延续以往的麻纤维，而且将来源扩大到桑科、瑞香科、锦葵科、防己科和豆科等木本植物。同时在多种植物纤维混合制浆造纸的技术上也相对成熟。

2017 年，在四川成都武侯区群众路唐墓 M1 出土一件佛家纸本真言。出土时被叠装在墓主人左手臂佩戴的臂钏内，其上用梵文和汉文书写真言咒语。年代为唐代中晚期。现藏于成都文物考古研究院。纸本真言所用纸张包含大麻纤维、苎麻纤维以及竹纤维 3 种造纸纤维，采用施胶工艺制成，表明唐代已经开始使用竹纤维为原料造纸。纸本上的图像印制采用的是雕版印刷的方式。

唐代《溧阳县调布》上钤有标志产地和征收地印记是对这一传统在唐代应用的有力说明。而纸张最早系作为织物替代品出现，“物勒工名”旧制加之印泥的存在，在纸张上钤印就具有了充分的应用场景。

目前在多数唐代文书遗物中，尤其是官方文书中钤印的印色多呈现朱红色，而且印文至今清晰，笔画干净无黏滞溢出现象，附着效果良好，表明当时官方文书使用的朱色印泥调制和朱色印记形制已渐成熟稳定，实物证据可见《朱巨川告身》《颜真卿告身》《最澄入唐牒》《福州牒》等官方文书。

敦煌研究院藏唐代捺印《佛像》图卷。图中佛像，是用事先刻好的佛像小印在纸上多次捺印而成。捺印是在印版上涂墨，将印版版面向下印在纸上，而雕版印刷则是将印版版面向上覆纸刷印。[1]

唐在易州专门设置务官，负责制墨业的生产管理。唐代制墨名家有李阳冰、祖敏、王君德、奚鼐（鼎）、奚超等。造墨专家奚鼐以善制佳墨而名扬四方，其墨坚如玉，富有光泽。后以技传子超，迁居歙州，遂成当地制墨世家。见元代陆友《墨史》。

《新唐书·地理志》《元和郡县图志》《通典·食货志》等书记载了唐代贡赋纸张的情况和纸的品种。

新疆吐鲁番阿斯塔那墓中出土了一块写有“梁州都督府调布”字样的粗麻布，经分析原料为黄麻纤维。这是迄今为止见到最早的黄麻实物。表明至迟在唐代已开始有黄麻纺织。[2]

唐代完成了斜纹组织向缎纹组织的过渡。

唐代开始出现多种书籍装帧形式，如册子装、经折装、蝴蝶装、梵夹装、旋风装等，之前的卷轴制度发生了重大变化，逐渐向册页形式过渡。

“册子装”，即将纸按页叠齐，然后粘连其一端，或以线、纸捻等缝合其一端。常有前后封面。[3]

[1] 国家文物局、中国科学技术协会编《奇迹天工：中国古代发明创造文物展》，文物出版社，2008 年，第 197 页。

[2] 赵承泽《中国科学技术史·纺织卷》，科学出版社，2003 年，第 136 页。

[3] 敦煌研究院编，樊锦诗主编《敦煌艺术大辞典》，上海辞书出版社，2019 年，第 616 页。

“经折装”，简称“折装”。以其首先用于佛经，并系由长幅纸张折叠而成，故名。[1]

“蝴蝶装”，简称“蝶装”。书叶反折，即有字的纸面相对折叠，将中缝的背口，用糨糊粘连，再以厚纸包裹作书面。翻阅时，展开如蝴蝶的两翅，故名。这种装式使书口不外露，免受损伤。[2] 叶德辉（1864—1927）《书林清话》：“蝴蝶装者，不用线钉，但以糊粘书背，夹以坚硬护面，以板（版）心向内，单口向外，揭之若蝴蝶翼然。”[3]

“梵夹装”。古代南亚次大陆传来的佛经，常以贝叶作书，贝叶重叠，以板木夹两端，于靠一端或两端的中间处挖洞，用绳串结，故称“梵夹”。[4]

“旋风装”，一说为，以梵夹装之首末页粘缀，阅时可循环翻阅，连续不断，故名。实为由卷子装发展为册子装的过渡形式。如敦煌市博物馆 56、57、71 号均为此种装帧。另一说为，李致忠《中国古代书籍史》首倡，认为即“龙鳞装”，用纸质较厚的叶子，两面书写，四周不留空余，用素纸裱成手卷，将叶子四周套边，右端留有余尾，即以尾纸贴在素卷面上，由左向右逐页缩短，形如鳞次，卷时则由右向左。其外形呈卷轴装形式。李氏所举故宫藏《唐写本王仁昫刊谬补缺切韵》，即作此种形式。[5]

[1] 敦煌研究院编，樊锦诗主编《敦煌艺术大辞典》，上海辞书出版社，2019 年，第 616 页。

[2] 同上，第 616 页。

[3] 叶德辉《书林清话》卷一，岳麓书社，2010 年，第 18 页。

[4] 敦煌研究院编，樊锦诗主编《敦煌艺术大辞典》，上海辞书出版社，2019 年，第 616 页。

[5] 同上，第 617 页。

五代十国时期

公元 918 年　戊寅
五代后梁末帝贞明四年　辽太祖神册三年

王氏高丽（918—1392）建国，都开京（今开城）。935 年灭新罗，统一朝鲜半岛。

北宋徐兢（1091—1153）《宣和奉使高丽图经》卷二十三：“纸不全用楮，间以藤造，槌捣皆滑腻，高下数等。”[1]

[1] 徐兢《宣和奉使高丽图经》卷二十三，大象出版社，2019年，第255页。

公元920年　庚辰
五代后梁末帝贞明六年　辽太祖神册五年

辽太祖参照汉字创制契丹大字，后又兼参回鹘文而制小字。见《辽史》：“五年……始制契丹大字……诏颁行之。”[2] 又“回鹘使至……（迭剌）相从二旬，能习其言与书，因制契丹小字，数少而该贯。”[3] 至1191年辽章宗下诏罢废。

[2] 脱脱等《辽史》卷二，中华书局，1974年，第16页。

[3] 同上，卷六十四，第968至969页。

刘恂撰《岭表录异》成。卷中：“广管罗州多栈香树，身似柜柳，其花白而繁，其叶如橘皮，堪作纸，名为‘香皮纸’。灰白色，有纹如鱼子笺。……其纸慢而弱，沾水即烂，远不及楮皮者，又无香气。或云：沉香、鸡骨、黄熟、栈香，同是一树，而根干枝节各有分别者也。”[4]

[4] 刘恂撰，鲁迅校勘《岭表录异》卷中，广东人民出版社，1983年，第20页。

公元926年　丙戌
五代后唐庄宗同光四年　天成元年　辽太祖天赞五年

冯贽撰《云仙杂记》成。卷三“洪儿纸”条：“姜澄十岁时，父苦无纸。澄乃烧糠、熁竹为之，以供父。澄小字洪儿，乡人号‘洪儿纸’。（《童子通神录》）”[5] 根据潘吉星释读“烧糠”为提供草木灰用，“熁竹”为蒸煮竹子，即制作竹纸。

[5] 冯贽《云仙杂记》卷三，中华书局，1985年，第22页。

冯贽《云仙杂记》卷七“雨点螺磨纸”条：“治纸之昏而不染

墨者，用雨点螺磨纸，左右三千下，其病去矣。”[1] 表明砑光的工具不仅限于如鹅卵石等光滑的石块，还可以是外壳光滑的贝壳、螺壳等，其目的是通过工具光滑的表面与纸面反复地压、磨，使得纸面凸起的纤维分叉伏倒，形成更加紧致绵密的纸张纤维结构，减少纸张纤维间的孔隙。

[1] 冯贽《云仙杂记》卷七，中华书局，1985 年，第 53 页。

公元 927 年　丁亥
五代后唐明宗天成二年　辽太宗天显二年

1985 年，洛阳市史家湾砖厂出土雕版印刷的《大随求陀罗尼》。该经卷印制在丝麻绢上，高 29.5 厘米，长 38 厘米。正中有一菩萨坐在莲花上，头戴花冠，身披璎珞，左右八臂各持法器，经文为梵文，左下角有墨书“天成二年正月八日徐般弟子依佛记”，是我国现存最早标有明确纪年的雕版印刷作品。现藏中国国家图书馆。

公元 928 年　戊子
五代后唐明宗天成三年　辽太宗天显三年

北宋王溥《五代会要》卷十五：“户部。后唐天成三年闰八月，废户部蠲纸。四年五月，尚书户部状申，伏缘当司蠲符，近奉敕令，有事功可著者，即户部奏闻，又不开逐年及第进士及诸科举人事例。今据前进士赵象乞蠲符者，奉敕，凡登科第，皆免征徭，如或雷同，虑伤风化。兼缘近有敕命，不合更乞蠲符，所宜特示明规，务在劝人为学，除新敕前已给蠲符外，应礼部贡院每年诸道及第人等，宜令逐道审验，春关冬集，不得一例差徭，其及第人亦不得虚影占户名。”[1]

北宋王钦若（962—1025）等《册府元龟》卷一百六十：“（后唐）明宗天成三年……闰八月，吏部郎中何泽请废户部𫋄纸，奉敕：日月流行之处，王人亿万之家。既绝烦苛，无滥力役。唯忠孝二柄可以旌表户门。若广给𫋄符，深为弊事。昨日所为，地图方域，逐闰重叠上供，州郡之中，皆须厚敛。而犹寻降诫敕并勒废停。今此倖端，岂合更启。逐年𫋄纸，宜令削去。”[2]

[1] 王溥《五代会要》卷十五，中华书局，1998 年，第 196 页。

[2] 王钦若《册府元龟》卷一百六十，凤凰出版社，2006 年，第 1784 页。

公元 932 年　壬辰
五代后唐明宗长兴三年　辽太宗天显七年

冯道（882—954）奏请后唐明宗，以唐代《开成石经》为底本，雕印儒家《九经》。得到明宗批准，令国子监于当年开始印行。后周广顺三年（953），《九经》全部刻印完成，前后共历时二十二年。冯道雕印《九经》首创官方及国子监刻印书籍之始，开创了官刻图书的新局面，使官刻成为中国古代三大刻书系统之一，也使监本的范本地位得以确立。

公元 936 年　丙申
五代后唐末帝清泰三年　后晋高祖天福元年　辽太宗天显十一年

1877 至 1878 年，在埃及境内的法尤姆、乌施姆南和伊克敏等地相继出土大量古代写本。1884 年，这批出土文物归奥匈帝国大公爱泽佐格·莱纳（Erzherzog Rainer）所有，共 10 万余件，用10种不同文字写成，时间跨度达2700年，其中书写材料包括莎草纸、羊皮纸和纸。其中写在莎草纸上的最晚一件纪年文书是公元936年。出土的阿拉伯纸本文书，部分写有回历纪年，证明年代均是阿拔斯王朝时期。经维也纳宫廷图书馆馆长、东方学家约瑟夫·冯·卡拉巴克（Joseph von Karabacek）的研究和奥地利植物学家尤利乌斯·威斯纳（Julius Wiesner）的科学鉴定，证明这些出土古纸都是麻纸，原料为破布，纸上有帘纹，纸浆内含有淀粉糊。表明阿拉伯纸从技术体系上看属于中国北方麻纸类型。

通过分析维也纳爱泽佐格·莱纳纸品收藏馆中的藏品（主要是在埃及发现的纸张），我们可以看出浆纸一步一步取代莎草纸的过程。719至815年间的36份文献全部写在莎草纸上。在816至912年间，莎草纸文献为96份，写在阿拉伯浆纸上的文献为24份。913至1069年间，只有9份莎草纸文献，浆纸文献多达77份。[1]

埃及莎草纸逐步被阿拉伯浆纸替代，退出历史舞台。

[1]【美】约翰·高德特著，陈阳译《法老的宝藏：莎草纸与西方文明的兴起》，社会科学文献出版社，2020年，第332页。

公元937至975年
南唐时期

北宋陈师道（1053—1102）《后山谈丛》：“南唐于饶置墨务，歙置砚务，扬置纸务，各有官，岁贡有数。求墨工于海东，纸工于蜀。中主好蜀纸，即得蜀工，使行境内，而六合之水与蜀同。”[2]

南唐后主制澄心堂纸。澄心堂系南唐内府书库，南唐御纸因而得名“澄心堂纸”。

北宋米芾《宝晋英光集》卷八：“李重光作此等纸，以供澄心堂用，其出不一，以池州马牙硾浆者为上品。此乃饶纸，不入墨，致字少风神也。”[3]

南宋顾逢《负暄杂录》：“南唐以徽纸作澄心堂纸，得名。”[4]

南宋程大昌（1123—1195）《演繁露》卷九：“江南李后主造

[2]陈师道《后山谈丛》，大象出版社，2019年，第88页。

[3]米芾《宝晋英光集》卷八，商务印书馆，1939年，第65页。

[4]顾逢《负暄杂录》，《说郛》（涵芬楼本）卷一八，中国书店，1986年，第10A页。

澄心堂纸，前辈甚贵重之。江南平后六十年，其纸犹有存者。欧公尝得之，以二轴赠梅圣俞。梅诗铺叙其由而谢之，曰：‘江南李氏有国日，百金不许市一枚。当时国破何所有，帑藏空竭生莓苔。但存图书及此纸，弃置大屋墙角堆。幅狭不堪作诏命，聊备粗使供鸾台。’用梅诗以想其制，必是纸制大佳而幅度低狭，不能与麻纸相及。故曰：幅狭不堪作诏命也。然一纸已直百钱，亦已珍矣。”[1]

《江宁府志》：“后主造澄心堂纸，甚为贵重。……淳化阁帖，皆此纸所拓。”[2]

陶谷《清异录》卷下“麝香月”条：“韩熙载（902—970）留心翰墨，四方胶煤多不合意，延歙匠朱逢于书馆傍烧墨供用，命其所曰‘化松堂墨’，又曰‘玄中子’，又自名‘麝香月’，匣而宝之。熙载死，妓妾携去，了无存者。”[3]“砑光小本”条：“姚颢（866—940）子侄善造五色笺，光紧精华。砑纸版乃沉香，刻山水林木、折枝花果、狮凤虫鱼、寿星八仙、钟鼎文，幅幅不同，文缕奇细，号‘砑光小本’。余尝询其诀，颢侄云：‘妙处与作墨同，用胶有工拙耳’。”[4]“鄱阳白”条：“先君子蓄纸百幅，长如一匹绢，光紧厚白，谓之‘鄱阳白’。问饶人，云：‘本地无此物也。’”[5]

[1] 程大昌《演繁露》卷九，大象出版社，2019年，第153页。

[2] 宋原放《中国出版史料》第1卷，湖北教育出版社，2004年，第137页。

[3] 陶谷《清异录》卷下，大象出版社，2019年，第108页。

[4] 同上，第110页。

[5] 同上，第109至110页。

公元938年　戊戌
后晋高祖天福三年　后蜀孟昶广政元年　辽太宗会同元年

《蜀石经》刊刻。毋昭裔将唐玄度注《孝经》等十经，连同注文，一并刊刻于石，立于成都学宫。后经多人补刻，至宋代晁公武（1105—1180）撰《石经考异》一并刊刻于石，长达二百三十二年。

1941年，出土《蜀石经》残碑两块，一为《尚书》，一为《毛诗》，现藏四川省博物院。

1965年，北京图书馆（现中国国家图书馆）从香港买回《蜀石经》一部，系宋元时期拓本，是现存《蜀石经》最善本。

公元 947 至 975 年
吴越国钱俶时期

在杭州，五代吴越国钱俶（929—988）大量印行经咒，最著名的当属 1917 年在湖州天宁寺（显德三年丙辰岁，956）、1971 年在浙江绍兴发现的《宝箧印陀罗尼经》（纸为白色藤纸），以及 1924 年杭州雷峰塔倒塌时发现的吴越经卷（乙亥年，975）。此外，杭州灵隐寺僧人延寿（904—975）也曾印行大量的经卷、梵咒、佛像等，已知的经咒有 12 种以上，图像 40 多万幅，内有丝质观音像 2 万幅，以及弥勒佛塔像 14 万幅，都是他亲手刷印的。这些加上钱俶所刊印的 8.4 万份 3 种经咒，单就杭州地区而言，在短短三十几年的时间中，完成了如此大量的印刷品，实在是惊人的。[1]

[1] 钱存训《中国纸和印刷文化史》，国家图书馆编《钱存训文集》第二卷，国家图书馆出版社，2012 年，第 175 至 176 页。

1970 年，在浙江省绍兴市嵊州市应天塔出土五代吴越国刻本《宝箧印经》，此印经为北宋吴越国乙丑年（965）刻印本，纸张略泛黄，文字清晰。现藏嵊州市文物管理处。

北宋时期

公元 971 年　辛未
北宋太祖开宝四年　辽景帝保宁三年

宋太祖命张从信往益州监刻《大藏经》，又称“宋开宝蜀本大藏经”，耗时 12 年，至宋太宗太平兴国八年（983）完成，一共 1076 部，5048 卷，雕版数量达 13 万多块。《开宝藏》是我国第一部用木板雕刻的佛教大藏经，以宋代官用文书用纸黄麻纸精工刷印。北宋刻开宝藏本《阿惟越致经》现藏中国国家图书馆。

公元 973 年　癸酉
北宋太祖开宝六年　辽景帝保宁五年

刘瀚等人奉诏校定《新修本草》，编修成《开宝新详定本草》20 卷，宋太祖御制序，由国子监镂版刊印了中国第一部印刷的本草书。次年，再次校修成《开宝重定本草》21 卷。后世统称《开宝本草》。

公元 976 至 984 年
北宋太宗太平兴国年间

乐史编纂《太平寰宇记》200 卷成。

李昉等编纂《太平御览》成，凡 1000 卷，为百科全书性质的类书。

公元 984 年　甲申
北宋太宗太平兴国九年　雍熙元年　辽圣宗统和二年

1954 年，在日本京都清凉寺，对北宋时期日本僧人奝然在北宋雍熙四年（987）对请回日本的旃檀佛像进行保护性维修时，在其腹内发现了四幅北宋时期的雕版佛经画卷，其中一幅弥勒菩萨图，尺寸为 54.4 厘米 ×28.4 厘米，左刻有榜题“甲申岁十月丁丑朔十五日辛卯雕印，普施永充供养”；右刻为“云离兜率，月满娑婆，稽首拜手，惟阿逸多，沙门仲休赞”；左上角有“越州僧知礼雕”；右上角为“待诏高文进画”。

公元 992 年　壬辰
北宋太宗淳化三年　辽圣宗统和十年

《淳化阁帖》刻成。《淳化阁帖》是中国最早的一部汇集各家书法墨迹的法帖，开启了官刻丛帖之端，从而掀起了官私刻帖之风。

公元 993 年　癸巳
北宋太宗淳化四年　辽圣宗统和十一年

《淳化天下图》成。“诏画工集诸州图，用绢一百匹，合而画之，为天下图，藏于秘阁。”[1]

[1] 王应麟《玉海》卷十四，钦定四库全书本。

公元994年　甲午
北宋太宗淳化五年　辽圣宗统和十二年

江少虞《事实类苑》卷三十一："淳化五年七月诏：选官分校《史记》《前汉》《后汉书》。即毕，遣内侍集于杭州镂版。"[1]首次官方刊印正史。

[1] 江少虞《事实类苑》卷三十一，钦定四库全书本。

公元996年　丙申
北宋太宗至道二年　辽圣宗统和十四年

苏易简撰《文房四谱》成。苏易简，太平兴国五年（980）中进士第一名，至道二年（996）卒。

《文房四谱·纸谱》："黟、歙间多良纸，有凝霜、澄心之号。复有长者，可五十尺为一幅。盖歙民数日理其楮，然后于长船中以浸之，数十夫举抄以抄之，傍一夫以鼓而节之，于是以大薰笼周而焙之，不上于墙壁也。由是自首至尾，匀薄如一。"[2]表明五代两宋时期中国造纸工匠已经能够抄幅达50尺，约合1600厘米的纸张。

辽宁博物馆藏宋徽宗赵佶草书《千字文》，长1172厘米，宽31.5厘米，纸面为泥金云龙纹图案。这是现存古代抄幅最长的纸。

《文房四谱·纸谱》："今江浙间有以嫩竹为纸，如作密书，无人敢拆发之。盖随手便裂，不复粘也。"[3]表明当时已广泛使用竹纸。

《文房四谱·纸谱》："拓纸法：用江东花叶纸，以柿油、好酒浸一幅，乃下铺不浸者五幅，上亦铺五幅，乃细卷而硾之，候浸渍染着如一，拓书画若俯止水，窥朗鉴之明彻也。"[4]

[2] 苏易简《文房四谱·纸谱》，中华书局，2011年，第197页。

[3] 同上，第209页。

[4] 同上，第216页。

《文房四谱·纸谱》：“浙人以麦茎、稻秆为之者，脆薄焉。以麦藁[1]、油藤为之者尤佳。”[2]

2008 年，在杭州市富阳区高桥镇（现属富阳区银湖街道）泗洲村发现了一座规模较大的两宋时期的造纸作坊遗址。出土文物中有两块刻有铭文的纪年砖，其中一块为“至道二年（996）”。2013 年，泗洲遗址被国务院列为全国重点文物保护单位。遗址中发掘出的用于焙纸的焙墙是迄今为止在早期造纸遗址发掘中唯一一处焙墙体遗存，为宋代已经使用焙纸工艺提供实证。

[1] 笔者注：此处“麦藁”应为“春膏”，系后世抄写时笔讹。春膏纸是中国古代经过煮硾工艺加工后的名纸，为熟纸。

[2] 苏易简《文房四谱 · 纸谱》，中华书局，2011 年，第 198 页。

公元 1007 年　丁未
北宋真宗景德四年　辽圣宗统和二十五年

1989 年，在内蒙古自治区巴林右旗庆州古城内的辽代白塔（释迦佛舍利塔）进行抢救性维修时，发现塔刹内藏有一批辽代佛教文物，其中包括纸本佛经经卷 246 件（幅）、经书 2 册。从已有的题记看，庆州白塔佛经雕印时间主要为圣宗中后期，从 1007 至 1017 年，历时十年。佛经入藏时间不迟于 1049 年。刻印地点可能涉及两处，一为燕京，二是上京（今内蒙古自治区巴林左旗南），承印燕京版佛经的刻坊在名刹悯忠寺（现法源寺）。经观察检测，庆州白塔佛经用纸纤维主要是大麻和构皮两种，大部分文物纤维降解严重。显微镜下观察大部分纸张胶填料较多，含动物胶，少数也含植物胶。部分文物经过染色。大部分纸张帘纹不可见，可见帘纹的间距约为每厘米 5—7 根，可能是用芨芨草或萱草茎编制的纸帘，粗条纸帘造纸易使纸张不够紧密匀称，交结不紧，少量纸表面有纤维束，说明打浆不够充分。为提高纸页的书写性、印刷性，人们常在纸面上涂布矿物原料以改善纸张的平滑度、白度、吸墨性，古代常用的纸张矿物填涂料有高岭土、滑石粉、白垩、烧石膏等，电镜能谱观察分析结果表明，庆州白塔佛经纸张的 Si、Al 含量普遍高，可能填涂有高岭土，以达到纸张的使用要求；另外，Ca、Mg 元素的存在，也可能是在制浆过程中使用石灰作为蒸煮剂，加快草木灰水浸泡处理原料，使皮、麻料脱色并去除其中的木素等物质，便于舂捣。[1]

[1] 王珊、李晓岑、陶建英、郭勇《辽代庆州白塔佛经用纸与印刷的初步研究》，《文物》2019 年第 2 期，第 76 至 96 页。

公元 1009 年　己酉 北宋真宗大中祥符二年　辽圣宗统和二十七年

三司开始经销度量衡，制作官尺称三司尺，是宋代影响最大的官尺。

公元 1010 年　庚戌 北宋真宗大中祥符三年　辽圣宗统和二十八年

据《续资治通鉴》卷二十七《宋纪》记载，宋修诸道图经成，共 1566 卷，名《新修诸道图经》。

公元 1011 年　辛亥 北宋真宗大中祥符四年　辽圣宗统和二十九年

罗愿（1136—1184）《新安志》卷二“进贡”之“上供纸”：

“上供七色纸，岁百四十四万八千六百三十二张。七色者，常样、降样、大抄、京运、三抄、京连、小抄，自三抄以下折买奏纸，是为七，外有年额折钱纸，用以折买大抄，皆以上下限起发赴，左藏库又有学士院纸、右漕纸、盐钞茶引纸之属，不在其数中。始大中祥符四年六月，上以歙州岁供大纸数多，颇劳民思，有以宽之。知枢密院王钦若奏，本院诸房所请歙州表纸，自元年后置历拘管，今支使外，剩十一万八千三百张，望下三司住支一年，及于本州减造从之，又遣中使就院宣谕副都承旨张质已，下于太平兴国寺赐御宴，今供数不知何年所定。”[1]

[1] 罗愿《新安志》卷二，《四库提要著录丛书（史部35）》，北京出版社，2010年，第466页。

公元1023年　癸亥
北宋仁宗天圣元年　辽圣宗太平三年

薛田任益州路转运使，提出官办交子建议。十一月二十八日设益州交子务，次年二月，发行交子。此为世界上政府发行纸币之始。[2]

[2] 李埏、林文勋《李埏文集》第三卷《宋金楮币史系年》，云南大学出版社，2018年，第14、17页。

公元1024年　甲子
北宋仁宗天圣二年　辽圣宗太平四年

燕肃（961—1040）上奏请自今诏书刻版摹印颁行，诏准。此为朝廷公文印刷颁行之始。

公元1030年　庚午
北宋仁宗天圣八年　辽圣宗太平十年

1978年，在苏州瑞光塔第三层天宫内发现一批有明确纪年的古代经卷，如咸平四年（1001）木刻大隋求陀罗尼经咒、景德三年（1006）木刻梵文大隋求陀罗尼经咒等。经研究，其造纸原料为竹皮混合，蒸煮、漂白、打浆、抄纸工艺均已很高超。[1]

[1] 许鸣岐《瑞光寺塔古经纸的研究》，《文物》1979年第11期，第36至37页。

公元1038至1227年
西夏

1036至1038年，元昊命野利仁荣仿汉字创制西夏文。西夏灭亡后，其族人仍有行用，约至明中期消亡。

西夏重视发展文化教育，专门设置了负责雕版印刷的官府机构“刻字司”。

1987年，在甘肃武威亥母洞寺发现西夏文佛经《维摩诘所说经》，这是用西夏文印刷的佛经，是现存最早的泥活字印本。现藏武威市博物馆。

1990年，在宁夏贺兰金山乡拜寺沟方塔废墟考古发掘中，在塔心部位出土西夏文、汉文佛经和世俗印本、写本等文献36种20余万字，其中共9册约10万字的西夏文《吉祥遍至口和本续》印本是直接译自藏传佛教失传的密宗经典，是现存最早的木活字印本之一。现藏宁夏回族自治区博物馆，中国国家博物馆“古代中国”展厅也有单页展出。

1990至1991年，在宁夏贺兰习岗镇王澄堡村东北废寺内，发现一座西夏晚期的复合体砖塔——宏佛塔，在塔中发现大量珍贵文物。宏佛塔天宫中装藏的西夏文字雕版多达 2000 余块，版面平整，文字清晰，是我国现存最早的文字雕版。

公元 1041 至 1048 年
北宋仁宗庆历年间

毕昇（？—1051）发明活字印刷术。

沈括（1031—1095）《梦溪笔谈》卷十八：“板印书籍，唐人尚未盛为之。自冯瀛王始印《五经》，已后典籍皆为板本。庆历中，有布衣毕昇又为活板，其法用胶泥刻字，薄如钱唇，每字为一印，火烧令坚，先设一铁板，其上以松脂、蜡和纸灰之类冒之。欲印，则以一铁范置铁板上，乃密布字印，满铁范为一板，持就火炀之。药稍熔，则以一平板按其面，则字平如砥。若止印三二本，未为简易。若印数十百千本，则极为神速。常作二铁板，一板印刷，一板已自布字。此印者才毕，则第二板已具，更互用之，瞬息可就。每一字皆有数印，如‘之’‘也’等字，每字有二十余印，以备一板内有重复者。不用，则以纸贴之，每韵为一贴，木格贮之。有奇字素无备者，旋刻之，以草火烧，瞬息可成。不以木为之者，文理有疏密，沾水则高下不平，兼与药相粘不可取。不若燔土，用讫再火，令药镕，以手拂之，其印自落，殊不沾污。昇死，其印为予群从所得，至今保藏。”[1]

[1] 沈括《梦溪笔谈》卷十八，大象出版社，2019 年，第 137 页。

活字印刷，以单字字模拼装代替整块雕版的印刷技术。经北宋毕昇总结，逐渐成熟。用胶泥、铜、锡、木等材料制成单字的阳文反字字模，再排字安装于字盘内，涂色印刷，较之雕版可大幅节省成本和工时。

蜡版印刷，是在蜡版上以刻字代替雕版的印刷技术。发明于北宋，在蜡中掺入松香等物使之坚硬，因其简便易刻，曾用于科举考试发榜名单的印刷，至清仍有使用。

公元 1044 年　甲申 北宋仁宗庆历四年　辽兴宗重熙十三年　西夏景宗天授礼法延祚七年

曾公亮（999—1078）、丁度（990—1053）主编《武经总要》四十卷成。《武经总要·前集》卷十二：“蒺藜火毬。以三枝六首铁刃以火药团之，中贯麻绳长一丈二尺，外以纸并杂药传之。又施铁蒺藜八枚，各有逆须。放时烧铁锥烙透令焰出。”[1]

[1] 曾公亮等撰，郑诚整理《武经总要·前集》卷十二，湖南科学技术出版社，2017 年，第 745 页。

公元 1050 年　庚寅 北宋仁宗皇祐二年　辽兴宗重熙十九年　西夏毅宗延嗣宁国二年 天祐垂圣元年

西夏在都城兴庆府始建承天寺。福圣承道三年（1055），将宋朝赐《大藏经》收藏于内。

公元 1056 年　丙申 北宋仁宗至和三年　嘉祐元年 辽道宗清宁二年　西夏毅宗福圣承道四年

辽道宗敕在山西省朔州市应县佛宫寺内建造释迦塔，又称“应县木塔”，是世界上现存最高大、最古老的纯木结构楼阁式建筑。1974年，国家文物局等单位对应县木塔进行维修时，在木塔第四层释迦佛塑像内发现了辽代雕版彩色套印印刷品《释迦说法相》三幅。《释迦说法相》为丝质，纵66厘米，横61.5厘米，是目前发现的中国最早的雕版彩色套印印刷品，说明在宋辽时期，中国的套色印刷技术已十分成熟。

王菊华对山西应县木塔中的一些辽代纸样进行分析，发现纤维多为麻、树皮等，个别纸张为硬黄纸；打浆度低，成纸白度低；已广泛使用竹帘抄纸，帘纹间距大，一般每厘米4—5道，个别为7道；所造纸张粗厚，但使用纸药；部分纸张使用浆内施胶、加填和纸面涂布工艺以提高书写绘画功能。[1]

[1] 王珊、李晓岑、陶建英、郭勇《辽代庆州白塔佛经用纸与印刷的初步研究》，《文物》2019年第2期，第76至96页。

公元1059年　己亥
北宋仁宗嘉祐四年　辽道宗清宁五年　西夏毅宗䜩都三年

郑虎臣（1219—1276）《吴都文粹》卷二：“嘉祐中，（郡守）王琪知制诰守郡，始大修设，厅规模宏壮，假省库钱数千缗。厅既成，漕司不肯除破。时方贵杜集人间，苦无全书。琪家藏本素精，即俾公使库钱镂板印万本，每部为值千钱。士人争买之……即偿省库钱。余以给公厨（陈经继之）。”[2] 苏州府王琪开创了公使库刻书的先河，各地公使库皆参与刻书业以牟利，后世称之为公使库刻本，简称库本。

[2] 郑虎臣《吴都文粹》卷二，钦定四库全书本。

公元1060年　庚子
北宋仁宗嘉祐五年　辽道宗清宁六年　西夏毅宗䛈都四年

欧阳修刊《新唐书》225卷成。

清代于敏中（1714—1780）《钦定天禄琳琅书目》卷二：“（《新唐书》）印纸坚致莹洁，每叶有‘武侯之裔’篆文红印在纸背者十之九，似是造纸家印记，其姓为诸葛氏。”[1]

[1] 于敏中《钦定天禄琳琅书目》卷二，钦定四库全书本。

公元1061年　辛丑
北宋仁宗嘉祐六年　辽道宗清宁七年　西夏毅宗䛈都五年

《北宋石经》刊刻成，又称《嘉祐石经》。经文用篆、楷二体书写，故又称“二体石经”。置于开封太学，故又称“开封府石经”“国子监石经”“汴学石经”。现仅存残石，中国国家图书馆藏有多种石经拓本。

公元1063年　癸卯
北宋仁宗嘉祐八年　辽道宗清宁九年　西夏毅宗拱化元年

辽兴宗敕令雕刻《契丹藏》（辽版大藏经）成。山西博物院藏应县佛宫寺出土的《称赞大乘功德经》是辽刻《契丹藏》印本之一，以硬黄纸印制。

蔡襄（1012—1067）书《澄心堂帖》，24.7 厘米 ×27.1 厘米，文曰："澄心堂纸一幅，阔狭、厚薄、坚实皆类此，乃佳。工者不愿为，又恐不能为之。试与厚直，莫得之？见其楮细，似可作也。便人只求百幅。癸卯重阳日，襄书。"现藏台北故宫博物院。

公元 1064 年　甲辰
北宋英宗治平元年　辽道宗清宁十年　西夏毅宗拱化二年

唐询（1005—1064）撰《砚录》，原书今已佚。

公元 1068 至 1085 年
北宋神宗熙宁元丰年间

元代陶宗仪《说郛》卷三十一上："熙丰间，张遇供御墨。用油烟，入脑麝、金箔，谓之龙香剂。"[1]

[1] 陶宗仪《说郛》卷三十一，钦定四库全书本。

公元 1074 年　甲寅
北宋神宗熙宁七年　辽道宗咸雍十年　西夏惠宗天赐礼盛国庆五年

西班牙穆斯林在胡卡尔河（Jucar River）附近建立全欧洲第一

家生产浆纸的造纸工坊。这家工坊有 30 名雇工，使用水轮驱动的锤式粉碎机粉碎原材料。[1]

[1] 【美】约翰·高德特著，陈阳译《法老的宝藏：莎草纸与西方文明的兴起》，社会科学文献出版社，2020 年，第 332 页。

公元 1075 年　乙卯
北宋神宗熙宁八年　辽道宗太康元年　西夏惠宗大安元年

沈括撰《良方》和苏轼（1037—1101）撰《苏学士方》，合编为《苏沈良方》刊行。书中详细记载了以童便炼秋石的方法，为中国最早的激素制剂。

公元 1077 年　丁巳
北宋神宗熙宁十年　辽道宗太康三年　西夏惠宗大安三年

《金山寺志》："藏经茧纸硬黄，笔法精妙，其墨黝泽如漆，每幅有小红印曰'金粟山藏经纸'，计六百函。宋熙宁十年丁巳，写造《大藏》。赐紫思恭志。今仅存百余轴。"[2]

[2] 陈心蓉《嘉兴刻书史》，黄山出版社，2013 年，第 43 页。

安徽省博物馆藏宋代佛经写本《阿毗达摩法蕴足论卷第一》，长 857.7 厘米、宽 27.8 厘米（每纸长 60 厘米）。经卷用纸为皮纸，呈黄色，表面光滑具有光泽，无水线痕迹，每张纸上都印有"金粟山藏经纸"的红印。

金粟山藏经纸为宋代名纸。金粟山位于今浙江省海盐县，山下金粟寺始建于东吴赤乌年间（238—251）。北宋时期该寺抄写的经文被称为"金粟山藏经"，所用纸被称为"金粟山藏经纸"。金粟山藏经纸大多为桑皮纸，也有麻纸，呈黄色或淡黄色。它继承了唐代硬黄纸加工技术，采用了染黄、施蜡和砑光等加工工艺。[1]

[1] 国家文物局、中国科学技术协会编《奇迹天工：中国古代发明创造文物展》，文物出版社，2008年，第215页。

公元1080年　庚申
北宋神宗元丰三年　辽道宗太康六年　西夏惠宗大安六年

由王存（1023—1101）任总纂，馆阁校勘曾肇、光禄丞李德刍执笔的《元丰九域志》成，元丰八年（1085）颁布。

沈括《梦溪笔谈》卷二十四："盖石油至多，生于地中无穷。"[2] 最早提出"石油"的科学命名，并记载了用燃烧石油的烟炱制作墨。

[2] 沈括《梦溪笔谈》卷二十四，大象出版社，2019年，第177页。

公元1081年　辛酉
北宋神宗元丰四年　辽道宗太康七年　西夏惠宗大安七年

刘攽（1023—1089）作《次韵酬曹极司法》诗曰："越纸题诗寄我来，君家八斗定多才。冰清玉润高风旧，白雪阳春病眼开。长见夔龙参浚哲，不闻徐乐避雄猜。自缘衰老无能解，战胜方当去剪莱。"[3] 此为目前可见文献中最早提出越纸的概念。

[3] 刘攽《彭城集》卷十五，齐鲁书社，2018年，第379页。

公元 1082 年　壬戌
北宋神宗元丰五年　辽道宗太康八年　西夏惠宗大安八年

金粟山印经书，每幅背有“金粟山藏经纸”印。清代于敏中《钦定天禄琳琅书目》卷十“曹子建集”条载：“目录后，有‘元丰五年万玉堂刊’木记。亦分十卷，与《读书志·宋志》同。其书模刻甚精，印纸有‘金粟山’印记，古色可爱。”[1]

清代沈季友（1654—1699）《槜李诗系》卷三十七注曰：“宋绍兴中降，御书法帖一十轴，又有藏经千轴，用硬黄茧纸，内外皆蜡磨光莹，以红丝栏界之，书法端楷而肥。卷卷如出一手，墨尤黝泽如髹漆，每幅有小红印，曰‘金粟山藏经纸’。好事者剥取为装潢之用，称为‘宋笺’。”[2]

[1] 于敏中《钦定天禄琳琅书目》卷十，钦定四库全书本。

[2] 沈季友《槜李诗系》卷三十七，钦定四库全书本。

公元 1083 年　癸亥
北宋神宗元丰六年　辽道宗太康九年　西夏惠宗大安九年

秦观（1049—1100）撰《蚕书》成。它是我国现存最早的蚕业著作。

公元 1084 年　甲子
北宋神宗元丰七年　辽道宗太康十年　西夏惠宗大安十年

司马光等修《资治通鉴》成，共 294 卷，记自周威烈王二十三年起，迄后周世宗显德六年，为中国古代编年体通史的杰作。清代于敏中《钦定天禄琳琅书目》卷二“资治通鉴考异”条：“御题是书，字体浑穆，具颜柳笔意，纸质薄如蝉翼，而文理坚致。为宋代所制。”[1]

[1] 于敏中《钦定天禄琳琅书目》卷二，钦定四库全书本。

秘书省刊刻《周髀算经》等汉唐以来的算经，为世界上最早刊刻印刷的数学著作。

元代费著《蜀笺谱》：“谢公有十色笺。深红、粉红、杏红、明黄、深青、浅青、深绿、浅绿、铜绿、浅云，即十色也。杨文公亿《谈苑》载韩浦寄弟诗云：‘十样蛮笺出益州，寄来新自浣花头。谢公笺出于此乎？涛所制笺特深红一色尔。’”[2]

[2] 参见费著《岁华纪丽谱》，《蜀笺谱》，《墨海金壶》本。

公元 1085 年　乙丑
北宋神宗元丰八年　辽道宗大安元年　西夏惠宗大安十一年

米芾撰《砚史》成。

郭熙（1023—约 1085）撰《林泉高致》成，总结其山水画创作经验。

公元 1086 年　丙寅
北宋神宗元丰九年　哲宗元祐元年　辽道宗大安二年　西夏崇宗天安礼定元年　天仪治平元年

八月，米芾撰《宝章待访录》成。分为“目睹”“的闻”两大部分，所录84件晋唐品，开后世著录之先河。书中对晋唐书法作品所用的绢帛、纸张等材质有明确的记录。

公元1092年　壬申
北宋哲宗元祐七年　辽道宗大安八年　西夏崇宗天祐民安三年

吕大临（约1042—1090）撰《考古图》10卷成，著录宫廷及私人37家藏古器物224件，是中国最早系统的古器物图录。

公元1095年　乙亥
北宋哲宗绍圣二年　辽道宗寿昌元年　西夏崇宗天祐民安六年

李孝美撰《墨谱法式》成。马涓（？—1126）、李元膺分别作序。分三卷，上卷共有采松、造窑、发火、取烟、和制、入灰、出灰、磨试八图；中卷有李庭圭等墨工，猛州贡墨、顺州贡墨及不知名氏十六家样式；下卷共有牛皮胶、鹿角胶、减胶、冀公墨、仲将墨、庭圭墨、古墨、油烟墨、叙药、品胶十一法。书中详细介绍"油烟墨"六法，自此中国古代制墨逐渐由以松烟墨为主转向以油烟墨为主，《四库全书·墨谱法式》曰："自明以来油烟盛行，松烟之制久绝。"[1]

[1] 李孝美《墨谱法式》"提要"，钦定四库全书本。

陆佃（1042—1102）编《埤雅》成，以椒纸印行。清代叶德辉《书林清话》："椒纸者，谓以椒染纸，取其可以杀虫，永无蠹蚀之患也。其纸若古金粟笺，但较笺更薄而有光。以手揭之，力颇坚固。吾曾藏有陆佃《埤雅》二十卷，旧为汲古阁、季沧苇、陈仲鱼诸家收藏，每卷有诸人印记。相传以为金源刻本，似即以此种椒纸印者也。”[1]

[1] 叶德辉《书林清话》，岳麓书社，2010年，第146页。

公元1100年　庚辰
北宋哲宗元符三年　辽道宗寿昌六年　西夏崇宗永安三年

米芾撰《书史》成。

《书史》：“余尝硾越竹，光滑如金版，在由拳上。短截作轴，入笈番覆，一日数十张。”[2]经潘吉星团队检验，故宫博物院藏米芾《珊瑚帖》为会稽竹纸，淡黄色，表面光滑，经砑光。[3]

[2] 米芾《书史》，大象出版社，2019年，第165页。

[3] 潘吉星《中国科学技术史·造纸和印刷卷》，科学出版社，1998年，第187页。

辽代高僧妙行大师（1023—1100）圆寂。辽乾统八年（1108）其弟子即满撰写行状，金大定二十年（1180）第四代门孙讲经比丘觉琼等刻《大昊天寺功德主传菩萨戒妙行大师行状碑》。现藏沈阳市博物馆。碑文中提及妙行大师尝于怀柔蛇山雕造《大藏经》一部，“以糯米胶破新罗墨，方充印造。白檀木为轴，新罗纸为幖，云锦为囊，绮绣为巾，织轻霞为絛，斫苏枋为函，用钱三百万”。[4]

[4] 《全辽文》卷十，《妙行大师行状碑》，引自脱脱等撰，陈述补注《辽史补注》卷一百八，中华书局，2018年，第3579页。

李诫（1035—1110）编《营造法式》成。徽宗崇宁二年（1103），经皇帝批准，正式刊行公布于世。书中对石灰的用法说明当时广泛使用石灰。

法蒂马王朝在摩洛哥境内的非斯城开设纸厂，技术力量从开罗引进，纸工为阿拉伯人。至公元1200年，该城共拥有打浆用的水磨472座。

公元 1101 年　辛巳
北宋徽宗建中靖国元年　辽道宗寿昌七年　天祚帝乾统元年　西夏崇帝贞观元年

苏轼北归。《苏轼文集》卷七十《书钱塘程奕笔》："近年笔工不经师匠，妄出新意，择毫虽精，形制诡异，不与人手相谋。独钱塘程奕所制，有三十年先辈意味，使人作字，不知有笔，亦是一快。吾不久行当致数百枝而去，北方无此笔也。"[1] 简乃《文集》卷五十六《与之元第四》简："告为买杭州程奕笔百枝，及越州纸二千幅，常使及展手者各半。不罪！不罪！正辅知已到京，非久上状次。乞因信致恳。"[2]

《东坡题跋》："成都浣花溪，水清滑胜常，以沤麻楮作笺纸，紧白可爱，数十里外不堪造，信水之力也。扬州有蜀冈，冈上有大明寺井，知味者以谓与蜀水相似。西至六合，冈尽而水发，合为大溪，溪左右居人亦造纸，与蜀产不甚相远。自十年以来，所产益多，工亦益精，更数十年，当与蜀纸相乱也。"[3]

《东坡志林》卷九载："昔人以海苔为纸，今无复有，今人以竹为纸，亦古所无有也。"[4]

《东坡志林》卷十载："世言竹纸可试墨，误矣。当于不宜墨纸上。竹纸盖宜墨。若池、歙精白玉版，乃真可试墨。若于此纸黑，无所不黑矣。褪墨砚上研，精白玉版上书，凡墨皆败矣。"[5]

《东坡志林》卷十一载："川纸取布头机余经不受纬者治作之，故名布头笺，此纸冠天下，六合人亦作，终不及尔。"[6]

约是年，米芾撰《画史》成。

[1] 孔凡礼点校《苏轼文集》卷七十，中华书局，1986 年，第 2233 页。

[2] 同上，卷五十六，第 1688 页。

[3] 苏东坡著，毛德富等主编《苏东坡全集》卷九十九，北京燕山出版社，1998 年，第 5626 页。

[4] 苏轼《东坡志林》卷九，大象出版社，2019 年，第 165 页。

[5] 同上，卷十，第 172 页。

[6] 同上，卷十一，第 176 页。

公元 1102 至 1110 年 北宋徽宗崇宁大观年间

专以古玺印为辑录对象的著作开始出现。杨克一的《印格》成书以后，先后又有宣和内府辑本《宣和印谱》、王厚之《汉晋印章图谱》等谱录出现，成为宋代古玺印收藏与著录风气形成的标志。现存王俅《啸堂集古录》南宋淳熙三年（1176）前刻本，将 37 方玺印与商周铜器铭文合辑于一书。[1]

[1] 孙慰祖《中国印章——历史与艺术》，外文出版社，2010 年，第 273 页。

公元 1105 年　乙酉 北宋徽宗崇宁四年　辽天祚帝乾统五年　西夏崇宗贞观五年

黄庭坚（1045—1105）卒。

黄庭坚《山谷简尺》卷下："硾纸亦好，候令溪东纸工加意作极厚、极白简纸去，每硾了，辄中分之，亦应乏也。"[2]

[2] 黄庭坚著，刘琳等点校《黄庭坚全集》补遗卷第五，中华书局，2021 年，第 2029 页。

公元 1107 年　丁亥 北宋徽宗大观元年　辽天祚帝乾统七年　西夏崇宗贞观七年

北宋政府设立第一个官方修志机构——九域图志局，组织领导全国修纂图经的工作，从此开始大规模编修地方志。

米芾卒。米芾一生遍访历代名家书画作品，对作品材质，尤其是纸材研究很深入。撰有《海岳名言》《宝章待访录》《书史》《画史》《砚史》等，记录了魏晋以来许多书法作品的材质。

米芾撰《评纸帖》，又称《十纸说》，对当时纸材也做了详细的描述：福州纸浆，硾亦能岁久，余往见杭州俞氏《张长史恶札》，禅师不合为婚主者是也。越陶竹万杵，在油拳上，紧薄可爱。余年五十始作此纸，谓之金版也。六合纸，自晋已用，乃蔡侯渔网遗制也。网，麻也。人因而用木皮。河北桑皮纸，白而慢，爱糊浆，硾成，佳如古纸。余得用淮阳守糊背二幅，硾亦颇佳，仍发墨彩。油拳不浆，湿则硾，能如浆，然不耐久。川麻不浆，以胶作黄纸，唐诏敕皆是，所以有白之别。唐人浆硾六合慢麻纸书经，明透岁久，水濡不入。饶州竹，入墨在连上。又有黄皮纸，天性如染，薄紧可爱，亦宜背古书耳。廿年前未使灰，透明有骨，古纸捣细者，不在唐澄心之下。康王教纸匠，遂灰品不及康王。唐硬黄摹书，皆令冷金向明拓也。纸细无如川纸，故诏敕，因而禁臣下上表，不得僭也。

公元 1110 年　庚寅
北宋徽宗大观四年　辽天祚帝乾统十年　西夏崇宗贞观十年

宋徽宗下诏将大晟乐尺推广为全国通用的常用尺，取代太府尺。工部奉命由文思院下界“依样”先造 1000 条大晟新尺，各路诸司“依样制造行用”。次年，诏令以“大晟乐尺”为全国通用新尺。

宋徽宗专门设立翰林书艺局以处理后苑文书，见元代脱脱修《宋史徽宗本纪》：“（大观四年）诏：医学生并入太医局，算入太史局。书入翰林书艺局，画入翰林图画局。学官等并罢。”[1]

慕容彦逢《摛文堂集》卷五“翰林书艺局艺学吴端可翰林书艺局硾纸待诏制”条：“敕：具官某，九鼎告成，当推庆赏，与兹恩典，于尔为荣，执技翰林，无替勤恪。可。”[2] 表明“翰林书艺局”中专门设有“硾纸”的岗位来处理熟纸，类似唐代的“熟纸匠”。

[1] 脱脱等《宋史》卷二十，中华书局，1985 年，第 384 页。

[2] 慕容彦逢《摛文堂集》卷五，钦定四库全书本。

公元 1111 至 1125 年
北宋徽宗政和宣和年间

1966 年，浙江温州瑞安仙岩慧光寺塔出土北宋墨书《宝箧印陀罗尼经》，写本，卷轴装，楷书，朱丝栏，瓷青纸包首，签题金书“佛说宝箧印经”。其用纸为宋代白蜡笺，纸较厚，可分层揭开，纸面施蜡明显，残留有施粉痕迹。北宋庆历三年（1043）墨书《般若波罗蜜多心经》，写本，经折装，白绵纸，楷书，共四开，经文为《般若波罗蜜多心经》。卷尾为弟子陈思珣发愿文一篇，卷末有“庆历三年癸未岁二月初八日”年款。现藏浙江省博物馆。

公元 1116 年　丙申
北宋徽宗政和六年　辽天祚帝天庆六年　金太祖收国二年　西夏崇宗雍宁三年

中国始用单面印刷褶背线装书。“包背装”的装帧方法是把书页有字的折在外面，使版心成为书口，而将书叶两边的余幅粘在一张裹背纸上。中国国家图书馆藏宋刻本《文苑英华》保留着宋代包背装的原样，卷尾有“景定元年十月廿五日装背臣王润管讫”字样，说明南宋时期宫廷里由专人管理书籍的包背装事项。

公元1117年　丁酉
北宋徽宗政和七年　辽天祚帝天庆七年　金太祖天辅元年　西夏崇宗雍宁四年

北宋政府组织编纂《圣济总录》200卷成。次年，宋徽宗赵佶领御撰写的《圣济经》颁行天下，作为全国的教材。

李之仪（1048—1117）《姑溪居士前集》卷十七："由拳纸工所用法，乃澄心之绪余也。但其料或杂，而吴人多参以竹筋，故色下而韵微劣，其如莹，滑受墨，耐舒卷，适人意处，非一种。"[1]

[1] 李之仪《姑溪居士前集》卷十七，钦定四库全书本。

公元1118年　戊戌
北宋徽宗政和八年　重和元年　辽天祚帝天庆八年　金太祖天辅二年　西夏崇宗雍宁五年

1988年，合肥市城南乡朱岗村北宋马绍庭夫妇合葬墓考古发掘出土了各种文房器物，其中包括徽墨、歙砚、端砚、毛笔、文具盒、围棋子等。两锭宋墨：一锭是男棺出土的"歙州黄山张谷男处厚墨"，另一锭为女棺出土的"九华朱觐墨"。张处厚、朱觐均为中国制墨史上的著名墨工，元代陆游《墨史》皆有收录。宋笔，笔管、笔帽均为竹制，笔毛已朽，仅残留笔芯，已炭化呈黑色，似为硬毫与麻纤维制成柱心，软毫为披，属长锋柱心笔。[2]

[2] 合肥市文物管理处《合肥北宋马绍庭夫妻合葬墓》，《文物》1991年第3期，第26至70页。

公元 1119 年　己亥
北宋徽宗重和二年　宣和元年　辽天祚帝天庆九年　金太祖天辅三年　西夏崇宗元德元年

颁行参照汉字和契丹大字创行的女真大字，1138 年金熙宗又命制行女真小字。金朝灭亡后，仍并行于女真各部，后被努尔哈赤创制的满文所取代。

公元 1122 年　壬寅
北宋徽宗宣和四年　辽天祚帝保大二年　金太祖天辅六年　西夏崇宗元德四年

徐兢从海道出使朝鲜，撰《宣和奉使高丽图经》40 卷。

公元 1125 年　乙巳
北宋徽宗宣和七年　辽天祚帝保大五年　金太宗天会三年　西夏崇宗元德七年

张世南《游宦纪闻》卷五：“硬黄谓置纸热熨斗上，以黄蜡涂匀，俨如枕角，毫厘必见。”[1]

[1] 张世南《游宦纪闻》卷五，大象出版社，2019 年，第 48 页。

唐写本王仁煦《刊谬补缺切韵》原为散页，宋宣和年间裱成手卷，后有所改异。此式卷起如手卷，展卷时书页鳞次相积，故称“龙鳞装”。因在收卷时各页鳞次朝一个方向旋转，宛若旋风，故又有“旋风装”之称，可视为卷轴向册页过渡的一种装帧形式。现藏中国国家图书馆。

公元1126年　丙午
北宋钦帝靖康元年　金太宗天会四年　西夏崇宗元德八年

北宋刊刻《文选》，用澄心堂纸。

附：北宋时期　未明确纪年

书黄，宋代录黄、画黄须经不同官员核定，签字后方能下达施行的程序。录黄即中书省对一般政务先拟出处理意见，得旨后以黄纸抄送门下省复核；画黄即中书省遇大事向皇帝面奏，得旨后亦以黄纸抄送门下省复核。两者皆需由门下省给事中签“读”，再经中书舍人签“行”，方能付尚书省施行。

录白，宋朝枢密院等官府誊录奏案及公文抄本，以备复核及存档的程序。常见的是枢密院遇大事向皇帝面奏，得旨后以白纸抄送门下省复核，候报施行。一般官文书因以白纸誊录抄本，亦以此称。

指挥，宋朝重要机构或高级长官下达行政指令的文书形式。多为尚书省、枢密院随时传达敕文并作解释，命令下级遵照办理所用。

还魂纸，将故纸回槽，掺入新纸浆中加以抄造的再生纸。始创于宋，元明普及于各地纸坊。

北宋时期，竹纸、油烟墨两项制作技艺的成熟和推广，有效地实现了纸张和油墨的低成本化，从而不断推动官办和民间刻书印刷业的快速发展，除两京之外，在全国范围内逐步形成了浙江、四川、福建三大刻书中心。并且催生了毕昇发明活字印刷术。

北宋初，翰林图书院始成。

范成大（1126—1193）《吴船录》卷上：“（甲午，宿白水寺。次至经藏，）经书则造于成都，用碧硾纸销银书之。卷首悉有销金图画，各图一卷之事。”[1]

[1] 范成大《吴船录》卷上，大象出版社，2019年，第153页。

南宋时期

公元1127年 丁未
北宋钦帝靖康二年 南宋高宗建炎元年 金太宗天会五年 西夏崇宗元德九年 正德元年

“靖康之难”。金兵攻陷北宋京都开封，徽、钦二宗及嫔妃、百官被俘受辱，北宋覆灭。

公元 1133 年　癸丑
南宋高宗绍兴三年　金太宗天会十一年　西夏崇宗正德七年

[1] 曾枣庄、刘琳《全宋文》第174册，卷三八〇七，上海辞书出版社，安徽教育出版社，2006年，第257页。

赵鼎（1085—1147）《忠正德文集》卷二“乞免上供纸”：“臣契勘洪州年额合发，绍兴三年，上供纸八十五万张。内一半本色，一半折发，价钱依年例，下分宁、武宁、奉新三县收买。”[1]

公元 1142 年　壬戌
南宋高宗绍兴十二年　金熙宗皇统二年　西夏崇宗大庆四年

九月，左仆射秦桧请求高宗将高宗平日习字手书儒家经典镌石以颁四方。淳熙四年（1177），建光尧之阁，陈列高宗和宪圣皇后手书《周易》《尚书》《毛诗》《中庸》《春秋》《论语》《孟子》等刻石。石经刻成后，立于临安太学首善阁及大成殿后三礼堂廊庑，世称“南宋石经”，又称“绍兴御书石经”或“高宗御书石经”。现残石存杭州碑林。

公元 1143 年　癸亥
南宋高宗绍兴十三年　金熙宗皇统三年　西夏崇宗大庆五年

廖刚（1070—1143）《高峰文集》卷一“乞禁焚纸札子”：“是

使南亩之民转而为纸工者十且四五，东南之俗为尤甚焉。”[1]

[1] 廖刚《高峰文集》卷一，钦定四库全书本。

公元1145年　乙丑
南宋高宗绍兴十五年　金熙宗皇统五年　西夏仁宗人庆二年

何薳（1077—1145）《春渚纪闻》卷八“油松烟相半则经久”：“近世所用蒲大韶墨，盖油烟墨也。后见续仲永言：绍兴初，同中贵郑几仁、抚谕少师吴玠，于仙人关回舟自涪陵来，大韶儒服手刺，就船来谒，因问：‘油烟墨何得如是之坚久也？’大韶云：‘亦半以松烟和之，不尔则不得经久也。’”[2] 表明当时以蒲大韶为代表的墨工开始以油烟、松烟混合的方式制墨。

[2] 何薳《春渚纪闻》卷八，大象出版社，2019年，第158页。

西西里国王罗杰二世（1095—1154）下令用羊皮纸重新抄录几位前任在位时用纸张书写的所有文书，并销毁纸版。表明在此之前西西里国已经大量使用纸张作为公文用纸。

公元1148年　戊辰
南宋高宗绍兴十八年　金熙宗皇统八年　西夏仁宗人庆五年

山西平阳府（今山西省临汾市）为当时金统治地域民间最大的刻书中心，数量和质量堪比南宋杭州和福建建阳。金刻本用纸多为北方造白麻纸，纸质精良，较薄，用芨芨草和萱草茎秆编制的草帘纸模抄造，呈粗帘条纹。又称“金刻本”“金刊本”“平水本”“平阳本”。

河东南路解州（今山西运城西南）天宁寺雕印汉字金版《大藏经》7000卷，底本为北宋《开宝经》，作卷轴装。1933年，在山西赵城广胜寺发现，存 4957 卷，后入藏中国国家图书馆 4541 卷。因在赵城发现，又称《赵城藏》。

1907 年，俄罗斯探险家彼得·库兹米奇·科兹洛夫（Пётр Кузьми́ч Козло́в，1863—1935）在内蒙古阿拉善盟额济纳旗境内的额济纳河下游接近居延海处发现了西夏古城黑水城遗址，发掘出文物 3000 余件，其中包括平阳金刻本《刘知远诸宫调》，原书 12 卷，存 5 卷 42 页。现藏中国国家图书馆，同时发现的还有平阳姬氏刻四美人图、平阳徐氏刻关羽画像等。现藏中国国家图书馆的金刻本还有底本为北宋旧版的曾巩撰《南丰曾子固先生集》、吕惠卿撰《吕太尉经进庄子全解》等。

叶梦得（1077—1148）《石林燕语》："唐中书制诏有四：封拜册书用简，以竹为之。画旨而施行者，曰'发日敕'。用黄麻纸承旨而行者，曰'敕牒'，用黄藤纸；赦书，皆用绢黄纸，始贞观间。或曰：取其不蠹也。纸以麻为上，藤次之，用此为重轻之辨。学士制不自中书出，故独用白麻纸而已。因谓之：白麻，今制不复以纸为辨。号为白麻者，亦池州楮纸耳。曰'发日敕'，盖今手诏之类，而敕牒乃尚书省牒，其纸皆一等也。"[1]

[1] 叶梦得《石林燕语》卷三，大象出版社，2019 年，第 100 至 101 页。

公元 1149 年　己巳
南宋高宗绍兴十九年　金熙宗皇统九年　西夏仁宗天盛元年

陈旉（1076—约 1156）撰《农书》3 卷成。

公元 1150 年　庚午
南宋高宗绍兴二十年　金海陵王天德二年　西夏仁宗天盛二年

阿拉伯帝国在埃及、摩洛哥、西班牙萨地瓦（Xátiva）等地开设造纸工场。阿拉伯地理学家艾德里西（El—Edrisi，1100—约1166）谈到萨地瓦时说："该城制造文明世界其他地方无与伦比的纸，输往东西各国。"[1]

[1] Dard Hunter.Papermaking: The History and Technique of an Ancient Craft(Alfred A. Knopf,Inc,1947),473.

公元 1154 年　甲戌
南宋高宗绍兴二十四年　金海陵王贞元二年　西夏仁宗天盛六年

金海陵王设印造钞引库，印造交钞、盐钞、盐引。交钞与钱并用，卖盐时须钞、引、公据具备。

公元 1155 年　乙亥
南宋高宗绍兴二十五年　金海陵王贞元三年　西夏仁宗天盛七年

杨甲《六经图》所附《十五图风地理之图》是中国现存最早的印刷地图。

公元 1157 年　丁丑
南宋高宗绍兴二十七年　金海陵王正隆二年　西夏仁宗天盛九年

邵博《邵氏闻见后录》卷二十八：“司马文正平生随用所居之邑纸，王荆公平生只用小竹纸一种。”[1]

袁文（1119—1190）《瓮牖闲评》：“《闻见后录》载‘王荆公平生用一种小竹纸’，甚不然也。余家中所藏数幅，却是小竹纸。然在他处见者不一，往往中上纸杂用，初不曾少有拣择。荆公文词藻丽，学术该明，为世所推重。故虽细事，人未尝不记录之，至于用纸亦然。虽未详审，亦可见其爱之之笃也。”[2]

[1] 邵博《邵氏闻见后录》卷二十八，大象出版社，2019 年，第 308 页。

[2] 袁文《瓮牖闲评》卷六，钦定四库全书本。

公元 1161 年　辛巳
南宋高宗绍兴三十一年　金海陵王正隆六年　金世宗大定元年　西夏仁宗天盛十三年

杨万里（1127—1206）《诚斋集》卷四十四《海鳝赋后序》：“绍兴辛巳（1161），金亮至江北，掠民船，指麾其众欲济。我舟伏于七宝山后，令曰‘旗举则出江’。先使一骑偃旗于山之顶，伺其半济，忽山上卓立一旗，舟师自山下河中两旁突出大江。人在舟中踏车以行船，但见舟行如飞，而不见有人，敌以为纸船也。舟中忽发一霹雳炮，盖以纸为之，而实之以石灰、硫黄。炮自空而下落水中，硫黄得水而火作，自水跳出其声如雷，纸裂而石灰散为烟雾，眯其人马之目，人物不相见。吾舟驰之压敌舟，人马皆溺，遂大败之云。”[3]

[3] 马积高、万光治《历代词赋总汇》宋代卷第 4 册，湖南文艺出版社，2014 年，第 3548 页。

公元 1168 年　戊子
南宋孝宗乾道四年　金世宗大定八年　西夏仁宗天盛二十年

南宋孝帝在临安府设造会纸局，见潜说友《咸淳临安志》卷九：“造会纸局，在赤山之湖滨。先是造纸于徽州，既又于成都。乾道四年三月，以蜀远，纸弗给，诏即临安府置局，从提领官、权兵部侍郎陈弥作之请也。始局在九曲池，后徙今处，又有安溪局。咸淳二年九月并归焉，亦领以都司，工徒无定额，今在者一千二百人。咸淳五年之三月，有旨住役。”[1]

[1]《杭州全书：杭州文献集成》第 41 册，杭州古籍出版社，2017 年，第 109 页。

中国国家博物馆藏南宋“行在会子库”会子及铜版，长 18.4 厘米、宽 12.4 厘米。

公元 1169 年　己丑
南宋孝宗乾道五年　金世宗大定九年　西夏仁宗天盛二十一年

周淙修撰《乾道临安志》15 卷，今存 3 卷。

公元 1170 年　庚寅
南宋孝宗乾道六年　金世宗大定十年　西夏仁宗乾祐元年

清代叶德辉《书林清话》卷八：“宋时印书，多用故纸反背印之，而公牍尤多。黄《赋注》、黄《书录》《北山集》四十卷，程俱致道撰，用故纸刷印。钱少詹有《跋》云：验其纸背皆乾道六年官司簿帐，其印记文可辨者，曰湖州司理院新朱记，曰湖州户部赡军酒库记，曰湖州监在城酒务朱记，曰湖州司狱朱记，曰乌程县印，曰归安县印，曰湖州都商税务朱记，意此集板刻于吴兴宫廨也。”[1]又“黄《记》宋本《芦川词》二卷云：‘宋板（版）书纸背多字迹，盖宋时废纸亦贵也’”。[2]又“宋巾箱本《欧阳先生文粹》五卷，绵纸，背有宋时公牍并钤宋印”。[3]

[1] 叶德辉《书林清话》卷八，岳麓书社，2010年，第198页。

[2] 同上，第198页。

[3] 同上，第199页。

公元1171年　辛卯
南宋乾道七年　金世宗大定十一年　西夏仁宗乾祐二年

周必大（1126—1204）撰《玉堂杂记》卷中：“乾道七年……御前设小案，用牙尺压蠲纸一幅，傍有漆匣、小歙砚，置笔墨于玉格，某鞠躬书除目进呈讫。”[4]

[4] 周必大《玉堂杂记》卷中，大象出版社，2019年，第217页。

公元1175年　乙未
南宋孝宗淳熙二年　金世宗大定十五年　西夏仁宗乾祐六年

《宋史》卷一百八十一：“淳祐二年，宗正丞韩祥奏：坏楮币者只缘变更，救楮币者无如收减。自去年至今，楮价粗定，不至折阅者，不变更之力也。今已罢诸造纸局及诸州科买楮皮，更多方收减，则楮价有可增之理。上曰：善。”[5]

[5] 脱脱等《宋史》卷一百八十一，中华书局，1985年，第4408页。

公元 1177 年　丁酉
南宋孝宗淳熙四年　金世宗大定十七年　西夏仁宗乾祐八年

清代于敏中《天禄琳琅》："宋刻《春秋经传集解》后刻木记云：'淳熙三年八月十七日，左廊司局内曹掌典秦王桢等奏闻：壁经《春秋》《左传》《国语》《史记》等书，多为蠹鱼伤牍，未敢备进上览。奉敕用枣木椒纸，各造十部。四年九月进览。监造臣曹栋校梓，司局臣郭庆验牍。'据识则孝宗年所刻，以备宣索者。枣木刻世尚知用，若印以椒纸，后来无此精工也。"[1]

[1] 宋原放《中国出版史料》第 1 卷，湖北教育出版社，2004 年，第 137 页。

公元 1181 年　辛丑
南宋孝宗淳熙八年　金世宗大定二十一年　西夏仁宗乾祐十二年

泉州州学刻印程大昌撰《禹贡山川地理图》。为世界上现存有确切年代的第一部印刷地图册。

唐仲友（1136—1188）守台州，领公使库钱刻《荀子》《扬子》二书。唐仲友台州公使库刻本《扬子法言》现藏辽宁省图书馆，成为现存宋版书之经典，也是公使库刻本的代表。

公元 1182 年　壬寅
南宋孝宗淳熙九年　金世宗大定二十二年　西夏仁宗乾祐十三年

朱熹（1130—1200）撰《晦庵集》卷十八《诉台州唐仲友动用公使钱刻书状》：“本州（台州）违法收私盐税钱，岁计一二万缗入公使库，以资妄用，遂致盐课不登不免科，抑为害特甚。又抑勒人户卖公使库酒，催督严峻，以使臣姚舜卿人吏郑臻、马澄、陆侃为腹心，妄行支用，至于馈送亲知、刊印书籍、染造匹帛、制造器皿、打造细甲兵器，其数非一。”[1]

[1] 朱熹《晦庵集》卷十一，钦定四库全书本。

公元 1195 年　乙卯
南宋宁宗庆元元年　金章宗明昌六年　西夏桓宗天庆二年

周必大致仕。周必大依照毕昇遗法自印《玉堂杂记》，为现知第一部用泥活字印刷的书籍。

公元 1201 年　辛酉
南宋宁宗嘉泰元年　金章宗泰和元年　西夏桓宗天庆八年

施宿（1164—1222）等修撰《嘉泰会稽志》[2] 成。全志共二十卷，陆游父子参与编撰，陆游为之序。

[2] 施宿（1164—1222），字武子，湖州长兴人，父施元。南宋光宗绍熙四年（1193）癸丑陈亮榜进士，历余姚知县、绍兴府通判、左司谏。庆元六年（1200）始纂《会稽志》，嘉泰元年（1201）完成，史称《嘉泰会稽志》。

宋代在会稽（绍兴府）设有纸局，专门负责官府公文用纸的采办。《嘉泰会稽志》卷四“库务”条：“汤浦纸局、新林纸局、枫桥纸局、三界纸局。”[1]卷十七：“今独竹纸名天下，他方效之莫能仿佛，遂掩藤纸矣。竹纸上品有三，曰姚黄、曰学士、曰邵公。[2]三等皆又有名展手者，其修如常，而广倍之。”[3]卷十七载：“自王荆公好用小竹纸，比今邵公样尤短小，士大夫翕然效之。建炎绍兴以前，书柬往来率多用焉，后忽废书简而用札子，札子必以楮纸。故卖竹纸者稍不售，惟工书者独喜之。”[4]“汪圣锡尚书在成都，集故家所藏东坡帖，刻为十卷，大抵竹纸居十七八。”[5]

邵伯温《闻见录》卷十七：“‘姚黄’自秾绿叶中出微黄花，至千叶。‘魏花’微红，叶少减。此二品皆以姓得名，特出诸花之上，故洛人以‘姚黄’为王，‘魏花’为妃云。”[6]

宋代向上呈文时，以骈俪体作正文，另附手书小简，叫双书。后又附单纸直述所请内容。三者合成一封，叫“品字封”。

王士祯《香祖笔记》卷十：“淳熙末，朝士以小纸高四五寸、阔尺余相往来，谓之手简。”[7]

[1]《嘉泰会稽志》卷四，嘉庆戊辰采鞠轩重刻本，叶七。

[2] 姚黄，原为洛阳牡丹名称，可见文献中最早见于陆佃《埤雅》；学士，以太守直昭文馆陆公轸所制得名；邵公，以提刑邵公篪所制得名。

[3]《嘉泰会稽志》卷十七，嘉庆戊辰采鞠轩重刻本，叶四十二。

[4] 同上。

[5] 同上。

[6] 邵伯温《闻见录》，卷十七，大象出版社，2019 年，第 291 至 292 页。

[7] 王士祯《香祖笔记》卷十，齐鲁书社，2007 年，第 4676 页。

公元 1210 年　庚午
南宋宁宗嘉定三年　金卫绍王大安二年　蒙古成吉思汗五年

陈槱撰《负暄野录》（约 1210）成。卷下“论纸品”：“古称剡藤本，以越溪为胜。今越之竹纸，甲于他处。”[8]书中又提到“春膏纸”，卷下“论纸品”：“又吴人取越竹，以梅天水淋，晾令稍干，反复硾之，使浮茸去尽，筋骨莹澈，是谓春膏。其色如蜡，若以佳墨作字，其光可鉴，故吴笺近出而遂与蜀产抗衡。”[9]又见陈槱《春膏纸》诗：“吴门孙生造春膏纸，尤造其妙。予尝赋诗曰：膏润滋松雨，孤高表竹君。夜砧寒捣玉，春几莹铺云。越地虽呈瑞，吴天乃策勋。莫言名晚出，端可大斯文。”[10]

[8] 陈槱《负暄野录》卷下，大象出版社，2019 年，第 17 页。

[9] 同上。

[10] 同上，第 18 页。

公元 1215 年　乙亥 南宋宁宗嘉定八年　金宣宗贞祐三年　蒙古成吉思汗十年

《金史》卷四十八《食货三》：七月，改交钞名为“贞祐宝券”。次年八月，金廷议更造“贞祐通宝”。[1]

[1] 脱脱等《金史》卷四十八，中华书局，1975 年，第 1084、1086 页。

公元 1217 年　丁丑 南宋宁帝嘉定十年　金宣宗兴定元年　蒙古成吉思汗十二年

《金史》卷四十八《食货三》：二月一日，诏行“贞祐通宝”，凡一贯当“贞祐宝券”千贯，增重伪造沮阻罪及捕获之赏。[2]

五月，征交钞“桑皮故纸钱”。[3]

[2] 同上，第 1087 页。

[3] 李埏、林文勋《李埏文集》第三卷《宋金楮币史系年》，云南大学出版社，2018 年，第 287 页。

公元 1221 年　辛巳 南宋宁宗嘉定十四年　金宣宗兴定五年　蒙古成吉思汗十六年

神圣罗马帝国皇帝弗雷德里克二世（Emperor Frederick Ⅱ，1194—1250）禁止用纸张誊写公共文书。

公元 1224 年　甲申
南宋宁宗嘉定十七年　金哀宗正大元年　蒙古成吉思汗十九年

临安府陈宅经籍铺刊刻赵与时（1174—1231）所撰的《宾退录》。《宾退录》卷二："临安有鬻纸者，泽以浆粉之属，使之莹滑，谓之蠲纸。"[1]

[1] 赵与时《宾退录》卷二，大象出版社，2019 年，第 101 页。

公元 1229 年　己丑
南宋理宗绍定二年　金哀宗正大六年　蒙古窝阔台汗元年

陈均（1174—1244）撰《九朝编年备要》成。卷二十九："（宣和七年）夏四月蔡京致仕。京自再领三省未几，目昏不能视事，事皆决于子绦。绦福威自任，同列不能堪。一日，京以竹纸批出十余人，令改入官，与寺监簿或诸路监司属官。其间有不理选限者、有未经任者、有未曾试出官者及参选者，仍令尚书省奏行右丞宇文粹中上殿进呈，事毕出京，所书竹纸，奏云：昨晚得太师蔡京判笔，不理选限某人未经任，某人未曾试出官参选，其人皆令以改名入官求差遣。上曰：此非蔡京批字，乃京子第十三名绦者笔迹。"[2]

[2] 陈均《九朝编年备要》卷二十九，钦定四库全书本。

公元 1230 年　庚寅
南宋理宗绍定三年　金哀宗正大七年　蒙古窝阔台汗二年

“雁皮”首见《明月记》一书。

（朝鲜）高丽高宗十七年，铜活字版《评定礼文》28 部刊行，这是世界上最早的铸造活字本。[1]

[1] 【日】前川新一《和纸文化史年表》，日本思文阁出版，1998 年，第 27 页。

公元 1235 年　乙未
南宋理宗端平二年　蒙古窝阔台汗七年

在今意大利中部的法布里亚诺设立了第一家意大利纸场，生产麻纸。后来，法布里亚诺的造纸坊采用双头锤代替阿拉伯人的石磨对原料进行碾磨，并用明胶和动物胶代替东方传入的植物胶。[2]1293 年在波伦亚（Bologna，今博洛尼亚）兴建新的纸场，至 14 世纪意大利成为欧洲造纸的大国。

最早的浆纸在欧洲语言中不被称为“paper”，而是被叫作“cloth parchment”（布皮纸），因为自 13 世纪以来，这种纸的原料主要是亚麻碎布。[3]

[2] 【德】罗塔尔·穆勒著，何潇伊、宋琼译《纸的文化史》，广东人民出版社，2022 年，第 28 至 32 页。

[3] 【美】约翰·高德特著，陈阳译《法老的宝藏：莎草纸与西方文明的兴起》，社会科学文献出版社，2020 年，第 2 页。

公元1236年　丙申
南宋理宗端平三年　蒙古窝阔台汗八年

赵升撰《朝野类要》刊行。卷四“文书”记述了宋代公文用纸的规定：“白麻。文武百官听宣读者，乃黄麻纸所书‘制可’也。若自内降而不宣者，白麻纸也，故曰白麻。按：自元和初，凡赦书、德音、立后、建储、大诛讨、拜免三公宰相命将曰制书，并用白麻，不用印。”[1] 又“省札。自尚书省施行事。以由拳山所造纸，书押，给降下百司、监司、州军去处是也”。[2]

[1] 赵升《朝野类要》卷四，大象出版社，2019年，第261页。

[2] 同上，第262页。

约公元1240年　庚子
南宋理宗嘉熙四年　蒙古窝阔台汗十二年

赵希鹄撰《洞天清录》，“米氏画”条：“米南宫多游江浙间，每卜居必择山水明秀处。其初，本不能作画，后以目所见，日渐摹仿之，遂得天趣。其作墨戏不专用笔，或以纸筋，或以蔗滓，或以莲房，皆可为画。纸不用胶矾，不肯于绢上作。今所见米画或用绢者，后人伪作。米父子不如此。”[3]

[3] 赵希鹄《洞天清录》，钦定四库全书本。

公元 1241 年　辛丑 南宋理宗淳祐元年　蒙古窝阔台十三年

元初忽必烈谋士姚枢编《小学》：“书流布未广，教其弟子杨西为沈氏活板……散之四方。”[1] 说明在元初活字印刷已得到推广。

[1] 苏天爵《元朝名臣事略》卷八，中华书局，1996 年，第 157 页。

公元 1254 年　甲寅 南宋理宗宝祐二年　蒙古蒙哥汗四年

徐谓礼（1202—1254）卒。2006 年，位于浙江金华市武义县城郊龙王山麓的徐谓礼墓葬中出土了一批纸质文物，外表封蜡，出土状况良好。徐谓礼文书共计 17 卷，各卷长度不一，共计长 32.2 米，宽约 0.395 米。徐谓礼文书记载了他一生的仕宦履历，文书 17 卷中，封纸 2 卷、录白敕黄 1 卷、录白告身 2 卷、录白印纸 12 卷。现藏武义博物馆。

印纸，又称印历、历子，是官府印发的各种表、簿、证件等。徐谓礼文书中的印纸，共八十一则（其中二则残缺），内容丰富，记录其到任、考课、官阶升转、委保等情况。[2]

从武则天到唐玄宗，再到五代、两宋，数百年间凡官方“印纸”，均取义于玺印。唐宋作为名词出现的各种“印纸”，义为“钤印之纸”。[3]

[2] 武义博物馆编，傅毅强主编《南宋徐谓礼文书》，浙江古籍出版社，2019 年，第 3 页。

[3] 艾俊川《中国印刷史新论》，中华书局，2022 年，第 22 页。

公元 1260 年　庚申
南宋理宗景定元年　蒙古世祖中统元年

忽必烈即汗位，册封旭烈兀建伊利汗国，定都帖必力思（今伊朗大不里士）。

“中统元宝交钞”发行，这是中国现存最早的官方正式印制发行的纸币实物。

1958 年，在青海省海西州都兰县诺木洪农场出土“中统元宝交钞”，分别为伍佰文（长 24 厘米、宽 8 厘米）；壹贯（长 28 厘米、宽 20.5 厘米）；贰贯（长 31 厘米、宽 21.5 厘米）。所用纸均为桑皮纸，雕版黑墨印刷，设草木流水纹边框，其内分上下两栏。上栏两旁印九叠篆汉字和八思巴文，各占两行，内容均为“中统元宝，诸路通行”。右下角印有“字料”，左下角印有“字号”字样，中间楷书体“伍佰文”，其下一串钱纹。下栏文字为“中书省，奏准印造中统元宝交钞，宣课，差发内，并行收受，不限年月，诸路通行，元宝交钞库字攒司，印造库字攒司，伪造者斩，赏银伍定，仍给犯人家产，中统年月日，元宝交钞库使副判，印造库使副判，中书省提举司”。正面上、下各盖有两枚朱文印，外国印草叶花纹。现藏青海省博物馆。

1982 年，在内蒙古呼和浩特万部华严经塔发现“中统元宝交钞”。

顾逢《负暄杂录》（1260）：“唐中，国未备，多取于外夷。故唐人诗中，多用蛮笺，字亦有为也。高丽岁贡蛮纸书卷，多用为衬，日本国出松皮纸。又南番出香皮纸，色白，纹如鱼子；又苔纸，以水苔为之名。侧理纸，薛道衡诗：‘昔时应春色，引绿泛清沟。今来承玉管，布字转银钩。’又扶桑国出芨皮纸。今中国唯有桑皮纸、蜀中藤纸、越中竹纸、江南楮皮纸。南唐以徽纸作澄心堂纸，得名。若蜀笺、吴笺皆染，捣而成。蜀笺重厚不佳，今吴笺为胜。”[1]

[1] 陶宗仪《说郛》卷二十四下，钦定四库全书本。

公元1270年　庚午
南宋度宗咸淳六年　蒙古世祖至元七年

潜说友以中奉大夫、代理户部尚书、知临安府，着手修撰《咸淳临安志》，原书一百卷，今存九十五卷。其中卷五十八“杭州物产：货之品”载：“纸，岁贡藤纸。按：‘旧《志》云：余杭由拳村出藤纸，省札用之；富阳有小井纸；赤亭山有赤亭纸。’”[1]

英国哲学家罗哲·培根（Roger Bacon，约1214—1294）就讨论过火药。[2]

[1] 潜说友《咸淳临安志》卷五十八，钦定四库全书本。

[2] 何兆武、柳卸林《中国印象：外国名人论中国文化》，中国人民大学出版社，2011年，第286页。

附：南宋时期　未明确纪年

叶梦得《石林燕语》卷八：“今天下印书，以杭州为上，蜀本次之，福建最下。京师比岁印板（版），殆不减杭州，但纸不佳；蜀与福建多以柔木刻之，取其易成而速售，故不能工；福建本几遍天下，正以其易成故也。”[3]

明代屠隆《考槃余事》：“凡印书，永丰绵纸上，常山东纸次之，顺昌书纸又次之，福建竹纸为下。绵贵其白且坚，东贵其润且厚，顺昌坚不如绵、厚不如东，直以价廉取称。闽中纸短窄黧脆，刻又舛讹，品最下，而直最廉。余筐箧所收，什九此物，即稍有力者，弗屑也。”[4]

明代高濂《遵生八笺·论藏书》：“宋板（版）书刻，以活衬竹纸为佳，而蚕茧纸、鹄白纸、藤纸，固美而存遗不广，若糊褙宋书，则不佳矣。余见宋刻大板《汉书》，不惟内纸坚白，每本用澄心堂纸数幅为副，今归吴中，真不可得。”[5]

会子，南宋广泛流通的一种纸币。起源于具有支票、汇票性质

[3] 叶梦得《石林燕语》卷八，大象出版社，2019年，第174页。

[4] 屠隆《考槃余事》附录，凤凰出版社，2017年，第115页。

[5] 高濂《遵生八笺》，“燕闲清赏笺”上，浙江古籍出版社，2015年，第616页。

的便钱会子，后由行在会子库发行，成为兼具流通功能的铜钱替代券，其中东南会子发行量最大。又有湖广总领所引发的湖广会子，以铁钱为本位，流通限于湖北、京西路。南宋后期，四川钱引也改成会子。

1978 年，在常州武进村前蒋塘南宋一号墓出土毛笔 1 支，接入笔杆的一端用丝带包裹，笔头露丝束。2006 年，在常州常宝钢管厂宋墓出土毛笔 1 支，笔头用狼毫制作，接入笔杆的一端用丝带包裹。考古报告认为“这种丝束笔头，可以更换”。2 支毛笔现藏于常州市博物馆。[1]

2018 年 8 月在江苏省常州市天宁区花园村周塘桥南宋墓出土一批纸质文物，经中国科学技术大学科技考古团队对其中三件纸质文物进行研究分析，表明三件纸张文物的纸张原料均为竹浆，沤煮用材料均为石灰、草木灰。其中 ZTQ—W1 纸样存在填料和涂布颜料，成分为高岭土和铅白混合物。ZTQ—W2 纸样存在成分为高岭土的填料。[2]

潘吉星指出：“宋元时期还将竹料与其他原料混合制浆造纸，这又是个新的创举……由于竹纸原料为野生竹，故造纸成本最低，但竹纤维平均长（1—2 毫米）不及麻纤维及树皮纤维，而后两者的供应则不及竹类充足，因此把竹纤维与其他植物纤维混合起来制浆，所造之纸兼具竹纸及皮纸之优点，成本又适中，是个合乎技术经济学原则的生产模式。”[3]

南宋孙因作《越问 · 其九 · 越纸》：“繄剡藤之为纸兮，品居上者有三。盖筱簜之变化兮，非藤楮之可参。在晋而名侧理兮，储郡库以九万。曰姚黄今最显兮，蒙诗翁之赏谈。加越石以万杵兮，光色透于金版。近不数夫杭由兮，远孰称夫池茧。半山爱其短样兮，东坡耆夫竹展。薛君封以千户兮，元章用司笔砚。数其德有五兮，以缜滑而为首。发墨养笔锋兮，性不蠹而耐久。惜昌黎之未见兮，姓先生而为楮。使元舆之及知兮，又何悲剡藤之有。客曰：美哉越纸兮，有大造于斯文。然世方好纸而玉兮，又乌知乎此君？”[4]

2007 年，在江西高安市华林风景名胜区周岭村，发掘出与宋、元、明三代造纸工艺有关的遗迹。华林造纸作坊遗址分两部分：一是周岭村福纸庙作坊遗址；二是周岭村石脑头溪两岸的 7 座水碓遗

[1] 陈晶、陈丽华《江苏武进村前南宋墓清理纪要》,《考古》，1986 年第 3 期，第 258 页；常州博物馆《常州博物馆 50 周年典藏丛书：漆木 · 金银器》，文物出版社，2008 年，第 14 页。

[2] 柳东溶、乔成全、郑铎、龚德才《周塘桥南宋墓出土纸张原料及制作工艺研究》，陈刚、汤书昆《千年泗洲：中国手工纸的当代价值与前景展望》，中国科学技术大学出版社，2024 年，第 86 至 95 页。

[3] 潘吉星《中国科学技术史 · 造纸和印刷卷》，科学出版社，1998 年，第 189 页。

[4] 曾枣庄、刘琳《全宋文》第三百三十七册，卷七七六一，上海辞书出版社，安徽教育出版社，2006 年，第 7 至 8 页。

址和西溪村西溪两岸的 7 座水碓遗址。2013 年，华林造纸作坊遗址被国务院公布为全国重点文物保护单位。

元朝时期

公元 1286 年　丙戌
元世祖至元二十三年

颁行司农司编撰《农桑辑要》，为中国第一部官修官颁农书。

公元 1287 年　丁亥
元世祖至元二十四年

发行至元通行宝钞，用铜版印制，与中统钞的官方兑换比价为 1：5。

1959 年，在西藏自治区萨迦寺内发现“至元通行宝钞”，长 31 厘米、宽 21.8 厘米。采用北方桑皮纸印制而成。现藏中国国家博物馆。宝钞最上方通栏正楷横书“至元通行宝钞”六字，两端饰以火焰宝珠。栏下版面四边为纹饰，中间分为上、下两栏，上栏中央横书“贰贯”二字，字下有两贯钱纹。左右分别刻有八思巴字译写汉文的“至元宝钞”“诸路通行”，文下则各是汉字“字料”“字号”。版面下部则是十行汉字，内容是：“尚书省 / 奏准印造至元宝钞，宣课差发内 / 并行收受，不限年月，诸路通行 / 宝钞库子攒司 / 印造库子攒司 / 首告者赏银五定（锭），伪造者处死，仍给犯人家产

/至元　年　月　日/宝钞库使副/印造库使副/尚书省提举司。”[1]

[1] 国家文物局、中国科学技术协会编《奇迹天工：中国古代发明创造文物展》，文物出版社，2008年，第216页。引文以“/”表示换行。

公元1289年　己丑
元世祖至元二十六年

元朝政府诏置浙东、江东、江西、湖广、福建木棉提举司，责民岁输木棉布十万匹以都提举司总之。棉布正式作为政府指定的纳税物质。

公元1292年　壬辰
元世祖至元二十九年

周密（1232—1298）寓居杭州癸辛巷，撰《癸辛杂识》成。

《癸辛杂识·前集》“简椠”：“简椠古无有也，陆务观谓始于王荆公，其后盛行。淳熙末始用竹纸，高数寸，阔尺余者。简版几废。自丞相史弥远当国，台谏皆其私人。每有所劾荐，必先呈副封，以越簿纸书，用简版缴达。合则缄还，否则别以纸言某人有雅故，朝廷正赖其用，于是旋易之以应课，习以为常。端平之初，犹循故态。陈和仲因对首言之，有云：‘稿会稽之竹，囊括苍之简。’正谓此也。又其后括苍为轩样纸，小而多，其层数至十余叠者。凡所言要切则用之，贵其卷还，以泯其迹。然既入贵人达官家，则竟留不遣，或别以他椠答之。往者，御批至政府从官皆用蠲纸，自理宗朝亦用黄封简版，或以象牙为之，而近臣密奏亦或用之，谓之‘御椠’，盖亦古所无也。”[2]《癸辛杂识·续集》卷下“撩纸”：“凡撩纸，必用黄蜀葵梗叶新捣，方可以撩，无则占粘不可以揭。如无黄葵，则用杨桃藤、槿叶、野葡萄皆可，但取其不粘也。”[3]

[2] 周密《癸辛杂识》前集，浙江古籍出版社，2015年，第33至34页。

[3] 同上，续集下，第200页。

公元 1294 年　甲午
元世祖至元三十一年

[1]【日】前川新一《和纸文化史年表》，日本思文阁出版，1998 年，第 29 页。

乞合都汗在宰相撒都剌丁的建议下，在波斯大不里士用木版印刷技术印制发行蒙古伊利汗国纸钞。[1]

公元 1295 年　乙未
元成宗元贞元年

王祯（1271—1368）在安徽旌德请工匠刻制木活字 3 万余个，并发明木质转轮盘以便拣字，试印《旌德县志》，是现知第一个采用木活字印书的人。

公元 1296 年　丙申
元成宗元贞二年

颁行“八思巴字”。八思巴字是元世祖忽必烈时由帝师八思巴据藏文字母改制的蒙古文字。

元政府制定江南夏税制度，将木棉、布、绢、丝等物归为一类。从此棉布与其他纺织品一样被正式列为常年租赋。

公元 1307 年　丁未
元成宗大德十一年

八月，“中书右丞孛罗铁木儿以国字（蒙文）译《孝经》进。诏曰：此乃孔子之微言，自王公达于庶民，皆当由是而行。其命中书省刻板模印，诸王以下皆赐之”。[1]

[1] 曾学文、徐大军《清人著述丛刊》第一辑，第 8 册，《徐乾学集》（五），广陵书社，2019 年，第 214 页。

公元 1309 年　己酉
元武宗至大二年

印制发行至大银钞，与至元钞的官方兑换比价为 1: 5，两年后废。

约是年，英国始用纸。

公元 1313 年　癸丑
元仁宗皇庆二年

王祯撰《农书》37 卷成。专门记述了“造活字印书法”：“伏羲氏画卦造契，以代结绳之政，而文籍生焉。黄帝时，仓颉视鸟迹以为篆文，即古文科斗书也。周宣王时，史籀变科斗而为大篆。秦李斯损益之而为小篆。程邈省篆而为隶。由隶而楷，由楷而草，则又汉魏间诸贤变体之作，此书法之大概也。或书之竹谓之竹简；或书于缣帛谓之帛书。厥后文籍浸广，缣贵而简重不便于用，又为之纸，故字从巾。按：《前汉皇后纪》已有赫蹄纸。至后汉，蔡伦以木肤、麻头、敝布、鱼网造纸，称为蔡伦纸。而文籍资之以为卷轴，取其易于卷舒目之，曰卷。然皆写本学者，艰于传录，故人以藏书为贵。五代唐明宗长兴二年，宰相冯道、李愚请令判国子监田敏校正《九经》刻板印卖，朝廷从之。锓梓之法其本于此，因是天下书籍遂广。然而板木工匠所费甚多，至有一书字板。功力不及，数载难成。虽有可传之书，人皆惮其工费，不能印造传播后世。有人别生巧技，以铁为印盔，界行内用稀沥青浇满，冷定取平火上再行煨化，以烧熟瓦字，排于行内作活字印板。为其不便，又有以泥为盔，界行内用薄泥将烧熟瓦字排之再入窑内，烧为一段，亦可为活字板印之。近世，又有铸锡作字，以铁条贯之，作行嵌于盔内，界行印书。但上项字样难于使墨，率多印坏，所以不能久行。今又有巧便之法，造板木作印盔，削竹片为行，雕板木为字，用小细锯锼开，各作一字，用小刀四面修之，比试大小、高低一同，然后排字作行，削成竹片夹之，盔字既满，用木掮，掮之使坚牢，字皆不动，然后用墨刷印之。”[1]

[1] 王祯《农书》卷二十二，钦定四库全书本。

公元 1318 年　戊午
元仁宗延祐五年

元仁宗“以江浙省所印《大学衍义》五十部赐朝臣”。[2]

[2] 宋濂等《元史》卷二十六，中华书局，1976 年，第 586 页。

公元 1319 年　己未
元仁宗延祐六年

日本始仿中国以纸币代钱。

公元 1322 年　壬戌
元英宗至治二年

马端临（1254—1323）撰《文献通考》刊印。此书开后世历史考证学先河。

是年为荷兰存纸文件可考最早年代。

公元 1341 年　辛巳
元顺帝至正元年

中兴路资福寺刊印僧无闻所注《金刚般若波罗密经》，经文用红色，注文用黑色，被认为是中国现存最早的雕版套色印本。现藏台北“国家图书馆”。

公元 1346 年　丙戌
元顺帝至正六年

根据斯特罗皮拉（J.H. de Stroppelaar）考证，保存在海牙的荷兰档案中最早的纪年纸是 1346 年（Het Papier in de Nederlanden Gedurende de Middleeeuwen, Inzonderheid in Zeeland, Middelburg, 1869）。[1]

[1] Dard Hunter.Papermaking: The History and Technique of an Ancient Craft(Alfred A. Knopf,Inc,1947),474.

公元1348年　戊子
元顺帝至正八年

因巴黎大学想购买到最低价的纸张，便向法兰西国王约翰二世申请特权，在巴黎附近的特鲁瓦（Troyes）和埃松建立法国最早的产纸区，以其为大学提供服务的名义，免除其各种税收。

公元1363年　癸卯
元顺帝至元二十三年

高丽使臣文益渐赴元。次年，携棉花种子回国，棉花种植传入朝鲜半岛。

元代费著撰《岁华纪丽谱》。其中《蜀笺谱》是研究宋元时期四川地区造纸情况的一本重要文献。

《蜀笺谱》："凡纸，皆有连二、连三、连四。笺，又有青白笺，背青面白；有学士笺，长不满尺；小学士笺又半之；仿姑苏作杂色粉纸，曰假苏笺，皆印金银花于上，承平前辈盖常用之，中废不作比始复为之。然姑苏纸多布纹，而假苏笺皆罗纹，惟纸骨柔薄耳。若加厚壮，则可胜苏笺也。""广都纸有四色：一曰假山南；二曰假荣；三曰冉村；四曰竹丝；皆以楮皮为之，其视浣花笺纸最清洁。凡公私簿书、契券、图籍、文牒，皆取给于是。广幅无粉者谓之假山南；狭幅有粉者谓之假荣；造于冉村曰清水；造于龙溪乡曰竹纸。蜀中经史子籍，皆以此纸传印。而竹丝之轻细似池纸，视上三色价稍贵。近年又仿徽池法作，胜池纸，亦可用，但未甚精致耳。"[1]

[1] 参见费著《岁华纪丽谱》，《蜀笺谱》，《墨海金壶》本。

公元 1366 年　丙午
元顺帝至元二十六年

特累维索的造纸坊从威尼斯参议院获得收购破布生意垄断特权。

公元 1368 至 1402 年
元至北元时期

1983 至 1984 年间，在内蒙古额济纳旗元亦集乃路故城考古发掘中发现元至北元时期的文物，包括告身、公文、账册、诉状、契约、书信、票引、药方及护封等纸本文物，还有中统宝钞、至元宝钞等。[1]

[1] 内蒙古文物考古研究所、阿拉善盟文物工作站《内蒙古黑城考古发掘纪要》，《文物》1987 年第 7 期，第 1 至 21 页。

2001 年，位于浙江温州瓯海区泽雅镇纸山的四连碓造纸作坊被中国国务院列为全国重点文物保护单位。元末明初，福建南屏的纸工迁入温州泽雅从事造纸，生产竹纸。四连碓造纸作坊建于明初，水渠长约 230 米，顺流分 4 级水碓，可反复利用水力资源，故名“四连碓”。

附：元朝时期　未明确纪年

1902 至 1903 年间，勒柯克（Albert von Le Coq，1860—1930）率领的德国考察队，在新疆吐鲁番发掘蒙文佛经刻本残页四张，作线装，刻以八思巴文，年代为 13 世纪后期。

蒙古地区用纸多为麻纸，纸质较粗厚，表面较涩。早期写本表面涂布有淀粉浆，再经研光。

艾俊川提出，中国国家图书馆藏《御试策》极有可能是元代木活字印本。[1]

[1] 艾俊川《中国印刷史新论》，中华书局，2022 年，第 49 页。

随着蒙古帝国版图的不断西移，大量的中国科学技术发明沿着中亚、俄罗斯陆上通道不断传入欧洲，其中包括造纸术、雕版印刷术和活字印刷术。德国和意大利是欧洲较早出现印刷品的国家。现存最早的欧洲木雕版宗教画是 1423 年印刷的圣克里斯托夫及耶稣画像，发现于德国奥格斯堡一修道院图书馆，现藏于英国曼彻斯特市赖兰兹图书馆。

明朝时期

公元 1368 至 1398 年
明太祖洪武年间

“江西填湖广”明初大移民。江西业已成熟的造纸制作技艺传入湖南、湖北，与当地传统造纸技艺相互融合。

公元 1368 年　戊申
明太祖洪武元年　元顺帝至正二十八年

太祖朱元璋（1328—1398）下令全国：“凡民田五亩至十亩者，栽桑、麻、木棉各半亩，十亩以上倍之……不种桑，出绢一匹，不种麻及木棉，出麻布、棉布各一匹。”[2]

[2] 张廷玉等《明史》卷七十八，中华书局，1974 年，第 1894 页。

公元 1374 年　甲寅
明太祖洪武七年

佛罗伦萨地区贩卖纸张的商人开始尝试出资将小麦磨坊改造成造纸坊。后来，这一模式逐渐扩展到法国、瑞士、德国等靠近纸张消费中心的地区。

公元 1375 年　乙卯
明太祖洪武八年

以桑楮皮纸印“大明通行宝钞”，长 33.8 厘米、宽 22 厘米，迄今仍是世界上票幅面最大的纸币。见《明史 · 食货志》：“明年（1375）始诏中书省造大明宝钞，命民间通行，以桑穰（桑皮纸）为料……”[1] 户部所属的官手工业部门，还有宝钞提举司中的抄纸局和印钞局。

[1] 张廷玉等《明史》卷八十一，中华书局，1974 年，第 1962 页。

公元 1390 年　庚午
明太祖洪武二十三年

乌尔曼 · 斯特罗姆（Ulman Stromer）在纽伦堡（Nurnberg）城西建立起第一家德国造纸工场。自此纽伦堡成为当时德国的造纸和印刷业中心。纽伦堡德国国立博物馆现藏有两页斯特罗姆日记体裁的手稿，详细描述了德国第一家造纸场的兴办经过，是欧洲现存最早有关造纸技术的文献。

公元1392年　壬申
明太祖洪武二十五年

李成桂（1335—1408）建立李朝（1392—1910），改国号为朝鲜。中国仍称朝鲜半岛所产纸张为“高丽纸”。

公元1393年　癸酉
明太祖洪武二十六年

《明会典》卷一五七《工部十一·纸札》：“（洪武二十六年定）凡每岁印造茶盐引由、契本、盐粮勘合等项合用纸札，著令有司抄解其合用之数，如库缺少，定夺奏闻，行移各司府州照依上年纸数抄造解纳。如遇起解到部，随即辨验堪中如法，差人进赴乙字库收贮听用。产纸地方分派造解额数：陕西十五万张，湖广十七万张，山西十万张，山东五万五千张，福建四万张，北平十万张，浙江二十五万张，江西二十万张，河南五万五千张，直隶三十八万张。”[1]

[1] 徐溥等《明会典》卷一五七，钦定四库全书本。

公元1403至1434年
明成祖永乐年间至明宣宗宣德年间

陈弘绪（1597—1665）《南昌郡乘》卷三《舆地·物产》：“《纸笺》云：‘永乐中，江西西山置官局造纸，最厚大而好者曰连七，曰观音纸。’又云：‘豫章彩色粉笺最光滑，山谷用之作画写字。’《编蒲馆杂录》云：‘明初，贡纸于江西，董以中贵。有太监杨姓者，即翠岩寺遗址以为楮厂，建皮库于应圣宫西，以贮楮料。俄中贵病风，毛发脱落，遂奏请改署信州。’”又“纸，出宁州。火纸，以竹麻为之，出奉新县”。[1]

刘侗、于亦正撰《帝京景物略》：“宣纸至薄能坚，至厚能腻，笺色古光，文藻精细，有贡笺，有绵料，式如榜纸大小，方幅，可揭至三四张，边有‘宣德五年造’素馨纸印。后则有白笺，坚厚如板，两面砑光如玉。有洒金笺，有洒金五色粉笺，有金花五色笺，有五色大帘纸。有磁青纸，坚韧如段素，可用书泥金。宣纸，陈清款为第一，外则有薛涛蜀笺，镜面高丽笺，松江谭笺，新安仿宋藏经笺等，皆市。”[2]

根据刘仁庆对明永乐年间所产宣纸的检测结果得知：其中含青檀皮纤维为100%，纸质厚实强韧，润墨性好。只是纸面的白度不大理想。[3]

陶宗仪撰《说郛》成。卷五十一下：“省札，尚书省施行事。以由拳山所造纸，每张三文，与免户役。”[4]

[1] 叶舟、陈弘绪《南昌郡乘》卷三，清康熙二年刻本，叶二十八、三十二至三十三。

[2] 刘侗、于奕正《帝京景物略》卷四“城隍庙市九”，明崇祯刻本，叶三十三。

[3] 刘仁庆《宣纸与书画》，中国轻工业出版社，1989年，第31页。

[4] 陶宗仪《说郛》卷五十一下，钦定四库全书本。

公元1405年　乙酉
明成祖永乐三年

西班牙人在比利时设立纸厂。

十二月，郑和（1371—约1435）率船队首次远航出使西洋诸国，至1433年先后七下西洋。

公元1408年　戊子
明成祖永乐六年

解缙、姚广孝等编纂《永乐大典》成。

《永乐大典》共22937卷，11095册，计3.7亿字，收录古代图书8000多种。《永乐大典》用纸是以桑树皮和楮树皮为主要原料制成的白绵纸，纸张厚度约0.12毫米；开本高50.3厘米、宽30厘米，每册约50叶；版框高35.5厘米、宽23.5厘米。四周双边，大红口、红鱼尾、朱丝栏，皆系手绘。《永乐大典》采用"包背装"，书衣用多层宣纸硬裱，外用黄绢连脑包过。装裱后在书皮左上方贴长条黄绢镶蓝边书签，右上方贴一小方块黄绢边签，题书目及本册次第。正版《永乐大典》下落不明，现流传于世的系嘉靖四十一年（1562）张居正等人按照正版抄录的一份"副本《永乐大典》"，又称"嘉靖本"。

《永乐大典》卷一〇一一〇《杭州志·物产》："杭州府总抄造纸札一十万九千四百四十张。仁和县抄造纸二千八百八十张。钱塘县抄造纸二千八百八十张。余杭县抄造纸四千五百六十张。临安县抄造纸二万五千二百张。富阳县抄造纸一万七千二百八十张。昌化县抄造纸二千一百六十张。新城县抄造纸六千张。於潜县抄造纸四万八千四百八十张。"[1]

[1] 许仲毅《海外新发现永乐大典十七卷》，上海辞书出版社，2003年，第267页。

公元1426至1435年
明宣宗宣德年间

吴之鲸《武林梵志》卷五："（杭州玉泉寺）宣德间，置白纸局，就池造纸，淆浊久之。局废而泉复洌矣。"[2]

[2] 吴之鲸《武林梵志》卷五，钦定四库全书本。

公元 1426 年　丙午
明宣宗宣德元年

意大利人卡斯塔尔迪（1398—1490）在威尼斯用大号木活字印制对折本册子，现存于费尔特雷档案馆。卡氏曾被认为欧洲活字技术发明人。

公元 1433 年　癸丑
明宣宗宣德八年

在巴塞尔建立第一个瑞士纸场。

公元 1438 年　戊午
明英宗正统三年

德国人约翰尼斯·谷腾堡（Johannes Gensfleisch zum Gutenberg，约 1397—1468）在法国斯特拉斯堡设立印刷店，制造出木制浮雕印刷机，以活字模印刷书籍。

公元 1450 年　庚午
明代宗景泰元年

约翰尼斯 · 谷登堡在德国美因茨（Mainz）使用金属活字印刷术刊印罗马帝国末期的文法学家埃利乌斯 · 多纳图斯（Aelius Donatus）的拉丁文教科书《文法艺术》（Ars grammatica），成为欧洲活字印刷技术的奠基人。1455 年，谷腾堡用金属活字印制出版拉丁文活字本《42 行圣经》（the Gutenberg Bible，1455），该经用麻纸和犊皮纸共刊印 210 部，是西欧第一本排字版书籍。因此书发现于法国首相红衣主教马萨朗的私人图书室，故又名《马萨朗圣经》。现有 48 部保存至今，最为完整的三部分别藏于美国国会图书馆、法国国家图书馆和英国不列颠博物馆。[1]

[1]【英】基思 · 休斯敦著，伊玉岩、邵慧敏译《书的大历史：六千年的演化与变迁》，生活 · 读书 · 新知三联书店，2020 年，第 95 至 118 页。

公元 1469 年　己丑
明宪宗成化五年

意大利威尼斯建立第一家印刷机构。

公元 1474 年　甲午
明宪宗成化十年

第一部印刷机传入西班牙。

公元 1476 年　丙申
明宪宗成化十二年

卡克斯顿（William Caxton）在伦敦威斯敏斯特设立第一家英国印刷机构。所有的纸张均来自荷兰等地。[1]

[1] Dard Hunter.Papermaking: The History and Technique of an Ancient Craft(Alfred A. Knopf,Inc,1947), 476.

公元 1490 年　庚戌
明孝宗弘治三年

无锡华燧（1439—1513）采用活字排印《会通馆校正宋诸臣奏议》一百五十卷，为我国现存有明确纪年的最早的活字印本。现分藏中国国家图书馆、哈佛大学燕京图书馆、上海图书馆等处。

公元 1491 年　辛亥
明孝宗弘治四年

在克拉科夫建立第一个波兰纸厂。至 1546 年，波兰共建造了三十五家纸厂。[2]

[2] Dard Hunter.Papermaking: The History and Technique of an Ancient Craft(Alfred A. Knopf,Inc,1947), 477.

公元1492年　壬子
明孝宗弘治五年

哥伦布（Cristoforo Colombo，约1451—1506）受西班牙女王伊莎贝拉一世派遣，带着给印度君主和中国皇帝的国书，从西班牙巴罗斯港出发，同年抵达圣萨尔瓦多，发现美洲新大陆。

公元1494年　甲寅
明孝宗弘治七年

朝鲜学者金宗直刊印朝鲜活字本《白氏文集》，序中："活板之法始于沈括，而盛于杨惟中[1]，天下古今之书籍无不可印，其利博矣。"[2]

[1] 杨惟中（1205—1259）字彦诚，汉族，弘州人。大蒙古国时期政治家。在姚枢的影响下，杨惟中十分重视活字印刷术的推行。杨惟中家用活字印刷印过《四书》，时称杨中书版《四书》。朝鲜活字版《白氏文集》前有金宗直序，其中说："活字法由沈括首创，至杨惟中始臻完善。"

[2] 张秀民《中国印刷史》，上海人民出版社，1989年，第673页。

公元1495年　乙卯
明孝宗弘治八年

约翰·泰特（John Tate）在赫特福德郡（Hertfordshire）斯蒂夫尼奇镇建立第一家英国造纸厂。[3]

[3] F. H. Norris. paper and paper making(Oxford University Press,1952).

公元 1496 年　丙辰
明孝宗弘治九年

第一本关于会计及近代银行业务的书籍在意大利佛罗伦萨印行。

公元 1498 年　戊午
明孝宗弘治十一年

达 · 伽马（Vasco da Gama，约 1469—1524）绕非洲好望角航行，经印度洋抵达印度西南海岸的卡里库特。

在维也纳建立第一个奥地利纸厂。

公元 1529 年　己丑
明世宗嘉靖八年

桂萼（1478—1531）绘制彩色《皇名明舆图》。今佚，见何说《修攘通考》卷三中附单色墨印刻本。

公元 1534 年　甲午
明世宗嘉靖十三年

在故宫，以中国古代石室金匮制度，建造皇史宬（又名表章库），为明清帝王的档案库。

公元 1552 年　壬子
明世宗嘉靖三十一年

明都御史喻时绘制《古今形胜之图》。嘉靖三十四年（1555）福建尤溪金沙书院重刻，重刻本流传至西班牙。

公元 1556 年　丙辰
明世宗嘉靖三十五年

王宗沐（1523—1591）辑《江西省大志》卷八《楮书》较详细地记载了当时楮纸生产的情况。该书经陆万垓（约 1533—约 1600）增补后于万历二十五年（1597）重刊。“楮之所用，为构皮，为竹丝，为帘，为百结皮。其构皮出自湖广，竹丝产于福建，帘产于徽州、浙江。自昔皆属吉安、徽州二府商贩，装运本府地方货卖。其百结皮，玉山土产。槽户雇倩（请）人工，将前物料浸放清流急水，经数昼夜，足踹去壳，打把捞起，甑火蒸烂，剥去其骨，扯碎成丝，用刀锉断，搅以石灰存性。月余，仍入甑蒸，盛以布囊，放于急水，浸数昼夜，踹去灰水。见清，摊放洲上，日晒水淋，毋论月日，以白为度。木杵舂细，成片擘开，复用桐子壳灰及柴灰和匀，滚水淋泡。阴干半月，涧水洒透。仍用甑蒸、水漂、暴晒，不计遍数。多手择去小疵，绝无瑕玷。刀斫如炙，揉碎为末，布袱包裹。又放急流洗去浊水。然后安放青石板合槽内，决长流水入槽，任其自来自去。药和溶化，澄清如水，照依纸式大小高阔，置买绝细竹丝，以黄丝线织成帘床，四面用筐绷紧。大纸六人，小纸二人，扛帘入槽，水中搅转浪动，捞起，帘上成纸一张，揭下，叠榨去水，逐张掀上砖造火焙。两面粉饰光匀，内中阴阳火烧，熏干收下，方始成纸。工难细论。虽隆冬炎夏，手足不离水火，谚云：'片纸非容易，措手七十二。'"[1]"司礼监行造纸名二十八色，曰：白榜纸、中夹纸、勘合纸、结实榜纸、小开化纸、呈文纸、结连三纸、绵连三纸、白连七纸、结连四纸、绵连四纸、毛边中夹纸、玉版纸、大白鹿纸、藤皮纸、大楮皮纸、大开化纸、大户油纸、大绵纸、小绵纸、广信青纸、青连七纸、铅山奏本纸、竹连七纸、小白鹿纸、小楮皮纸、小户油纸、方榜纸，以上定例五年题造一次。乙字库行造纸名一十一色，曰：大白榜纸、大中夹纸、大开化纸、大玉版纸、大龙沥纸、铅山本纸、大青榜纸、红榜纸、黄榜纸、绿榜纸、皂榜纸，以上随缺取用，造解无期。"[2]

[1] 王宗沐《江西省大志》卷八，中华书局，2018 年，第 384 至 385 页。

[2] 高其倬、谢旻《江西通志》卷二十七，钦定四库全书本。

公元 1561 年　辛酉
明世宗嘉靖四十年

兵部右侍郎范钦（1506—1585）在浙江宁波建天一阁。为中国现存最早的藏书楼。

公元 1568 年　戊辰
明穆宗隆庆二年

德国人约斯特·阿曼（Jost Amman，1539—1591）著《百职图咏》（Eygentliche Beschreibung aller Stände auff Erden, hoher und niedriger, geistlicher und weltlicher, aller künsten, Handwercken und händeln, 1568）在法兰克福出版。书中共有 114 幅木刻版画，描写了不同行业的人物形象，由诗人汉斯·萨克斯（Hans Sachs，1494—1576）配诗。其中第 18 幅图描写纸工，是欧洲最早的造纸图，也是现存出版物中最早的造纸工艺图。图中还显示德国人已经使用螺旋压榨器来压去湿纸的水分。

公元 1573 年　癸酉
明神宗万历元年

瑞典在克利潘建立第一家纸厂。

公元 1576 年　丙子
明神宗万历四年

俄罗斯帝国沙皇伊凡雷帝在位期间，在莫斯科建立第一家俄国造纸工场。

公元 1586 年　丙戌
明神宗万历十四年

鹿特丹以南多德雷赫特建立第一个荷兰纸厂。

公元 1590 年　庚寅
明神宗万历十八年

澳门铅印出版了耶稣会教士葡萄牙人孟三德（E. d. Sande，1547—1599）著拉丁文《天正遣欧使节记》（De Missione Legatorvm Laponensium ad Romanam Curiam），是在中国使用欧洲铅活字印刷的第一部书籍。现藏中国国家图书馆。

明代项元汴（1525—1590）在《蕉窗九录》中列举了当时包括金花纸在内的主要加工纸类型："今之大内（宫廷）用细密洒金五色粉笺、五色大帘纸、洒金笺。有白笺，坚厚如版，两面砑光，如玉洁白。有印金五色花笺。有磁青纸，如段素，坚韧可宝。近日，吴中无纹洒金笺纸为佳。"[1]

[1] 项元汴《蕉窗九录》"纸录"，《学海类编》本，叶二。

公元 1602 年　壬寅
明神宗万历三十年

德·古维阿（Antonio de Gouvea）作为西班牙和葡萄牙派往波斯的使者来到波斯。他利用出使的机会遍访古迹，发现楔形文字，成为向欧洲报道楔形文字的第一个欧洲人。[2]

[2] 拱玉书等《世界文明起源研究：历史与现状》，昆仑出版社，2015 年，第 22 页。

公元 1605 年　乙巳
明神宗万历三十三年

利玛窦（Matteo Ricci，1552—1610）著《西字奇迹》在北京刊印，为在华刊印的第一部拉丁拼音的语文书籍，拉丁字母及拼音传入中国。

公元 1611 年　辛亥
明神宗万历三十九年

瑞典发行欧洲的第一张纸币。

公元 1620 年　庚申
明神宗万历四十八年　明光宗泰昌元年

弗兰西斯·培根（Francis Bacon，1561—1626）著《伟大的复兴》出版，其主要部分即为著名的《新工具》（Novum Organum）。在《新工具》一书中，培根指出，印刷、火药和磁石这三种发明在世界范围内把事物的全部面貌都改变了：第一种是在学术方面，第二种是在战事方面，第三种是在航行方面，并由此又引起难以数计的变化来。[1]

意大利人彼得罗·德拉·瓦莱（Pietro della Valle）考察了巴比伦、乌尔和比尔斯尼姆鲁德等地，后经波斯到达印度。他搜集了一些印有楔形文字的砖，托人把铭文砖带给他的意大利朋友。他于

[1] 【英】培根著，许宝骙译《新工具》（Novum Organum），第一卷，商务印书馆，1984 年，第 84 至 87 页，第 102 至 104 页。

1621 年给一位朋友写信时，在信中提到楔形文字，并随意从波斯波利斯的古波斯铭文中抄写了 5 个古波斯楔形文字符号。他的这封信于 1658 年在罗马发表，第一次把楔形文字形象地展示给了欧洲读者。[1]

[1] 拱玉书等《世界文明起源研究：历史与现状》，昆仑出版社，2015 年，第 23 至 24 页。

公元 1627 年　丁卯
明熹宗天启七年

胡正言（1584—1674）印行《十竹斋书画谱》八卷，五彩木刻印，为五彩版画之始。《胡曰从书画谱引》：“始为墨，继避墨而为印、为笺、为绘刻。墨多双脊龙样，印得雪松、子行遗法，笺如云蓝麦光，尽左伯乌丝栏之妙。”[2]

[2] 胡正言《十竹斋书画谱》，吉林出版集团有限责任公司，2010 年，第 6 页。

公元 1637 年　丁丑
明思宗崇祯十年　清太宗崇德二年

宋应星撰《天工开物》成，由涂绍煃（约 1582—1645）资助刊印，全书 3 卷 18 章。其中《杀青》记述了造纸工艺；《彰施》记述了染色工艺，并附有插图。

《天工开物 · 杀青》：“宋子曰：物象精华，乾坤微妙，古传今而华达夷，使后起含生，目授而心识之，承载者以何物哉？君与民通，师将弟命，凭借呫呫口语，其与几何？持寸符，握半卷，终事诠旨，风行而冰释焉。覆载之间之借有楮先生也，圣顽咸嘉赖之矣。身为竹骨与木皮，杀其青而白乃见，万卷百家，基从此起。其精在此，而其粗效于障风、护物之间。事已开于上古，而使汉、晋时人擅名记者，何其陋哉！”[3]

[3] 宋应星撰，杨维增译注《天工开物 · 杀青》第十三卷，中华书局，2021 年，第 343 页。

《天工开物·杀青·纸料》："凡纸质，用楮树皮与桑穰、芙蓉膜等诸物者，为皮纸。用竹麻者为竹纸。精者极其洁白，供书文、印文、柬启用；粗者为火纸、包裹纸。所谓'杀青'，以斩竹得名；'汗青'以煮沥得名；简即已成纸名。乃煮竹成简，后人遂疑削竹片以纪事，而又误疑韦编为皮条穿竹札也。秦火未经时，书籍繁甚，削竹能藏几何？如西番用贝树造成纸叶，中华又疑以贝叶书经典。不知树叶离根即焦，与削竹同一可哂也。"[1]

[1] 宋应星撰，杨维增译注《天工开物·杀青》第十三卷，中华书局，2021 年，第 344 至 345 页。

《天工开物·杀青·造竹纸》："凡造竹纸，事出南方，而闽省独专其盛。当笋生之后，看视山窝深浅，其竹以将生枝叶者为上料。节界芒种，则登山斫伐。截断五七尺长，就于本山开塘一口，注水其中漂浸。恐塘水有涸时，则用竹枧通引，不断瀑流注入。浸至百日之外，加功槌洗，洗去粗壳与青皮，其中竹穰形同苎麻样。用上好石灰化汁涂浆，入楻桶下煮，火以八日八夜为率。凡煮竹，下锅用径四尺者，锅上泥与石灰捏弦，高阔如广中煮盐牢盆样，中可载水十余石。上盖楻桶，其围丈五尺，其径四尺余。盖定受煮，八日已足。歇火一日，揭楻取出竹麻，入清水漂塘之内洗净。其塘底面、四维皆用木板合缝砌完，以防泥污（造粗纸者不须为此）。洗净，用柴灰浆过，再入釜中，其上按平，平铺稻草灰寸许。桶内水滚沸，即取出别桶之中，仍以灰汁淋下。倘水冷，烧滚再淋。如是十余日，自然臭烂。取出入臼受舂（山国皆有水碓）。舂至形同泥面，倾入槽内。凡抄纸槽，上合方斗，尺寸阔狭，槽视帘，帘视纸。竹麻已成，槽内清水浸浮其面三寸许，入纸药水汁于其中（形同桃竹叶，方语无定名），则水干自成洁白。凡抄纸帘，用刮磨绝细竹丝编成。展卷张开时，下有纵横架框。两手持帘入水，荡起竹麻，入于帘内。厚薄由人手法，轻荡则薄，重荡则厚。竹料浮帘之顷，水从四际淋下槽内。然后覆帘，落纸于板上，叠积千万张。数满，则上以板压，捎绳入棍，如榨酒法，使水气净尽流干。然后以轻细铜镊逐张揭起焙干。凡焙纸，先以土砖砌成夹巷，下以砖盖巷地面，数块以往，即空一砖。火薪从头穴烧发，火气从砖隙透巷，外砖尽热，湿纸逐张贴上焙干，揭起成帙。近世阔幅者，名大四连，一时书文贵重。其废纸洗去朱墨污秽，浸烂，入槽再造，全省从前煮浸之力，依然成纸，耗亦不多。南方竹贱之国，不以为然。北方即寸条片角在地，随手拾取再造，名曰还魂纸。竹与皮，精与细，皆同之也。若火纸、糙纸，斩竹煮麻，灰浆水淋，皆同前法。唯脱帘之后不用烘焙，压水去湿，日晒成干而已。盛唐时，鬼神事繁，以纸钱代焚帛（北方用切条，名曰板钱），故造此者名曰火纸。荆楚近俗，有一焚侈至千斤者。此纸十七供冥烧，十三供日用。其最粗而厚者，曰包裹纸，则竹麻和宿田晚稻稿所为也。若铅山诸邑所造柬纸，则全用细竹料厚质荡成，以射重价。最上者曰官柬，富贵之家通刺用之。其纸敦厚而无筋膜，染红为吉柬，则先以白矾水染过，后上红花汁云。”[1]

《天工开物·杀青·造皮纸》：“凡楮树取皮，于春末夏初剥取。树已老者，就根伐去，以土盖之。来年再长新条，其皮更美。凡皮纸，楮皮六十斤，仍入绝嫩竹麻四十斤，同塘漂浸，同用石灰浆涂，入釜煮糜。近法省啬者，皮竹十七而外，或入宿田稻稿十三，用药得方，仍成洁白。凡皮料坚固纸，其纵文扯断如绵丝，故曰‘绵纸’，衡断且费力。其最上一等，供用大内糊窗格者，曰‘棂纱纸’。此纸自广信郡造，长过七尺，阔过四尺。五色颜料，先滴色汁，槽内和成，不由后染。其次曰‘连四纸’，连四中最白者，曰‘红上纸’。皮名而竹与稻稿参和而成料者，曰‘揭贴呈文纸’。芙蓉等皮造者，统曰‘小皮纸’，在江西则曰‘中夹纸’。河南所造，未详何草木为质，北供帝京，产亦甚广。又桑皮造者，曰‘桑穰纸’，极其敦厚，东浙所产，三吴收蚕种者必用之。凡糊雨伞与油扇，皆用小皮纸。凡造皮纸长阔者，其盛水槽甚宽，巨帘非一人手力所胜，两人对举荡成。若棂纱，则数人方胜其任。凡皮纸供用画幅，先用巩水荡过，则毛茨不起。纸以逼帘者为正面，盖料即成泥浮其上者，粗意犹存也。朝鲜白硾纸，不知用何质料。倭国有造纸不用帘抄者，煮料成糜时，以巨阔青石覆于炕面，其下爇火，使石发烧。然后用糊刷蘸糜，薄刷石面，居然顷刻成纸一张，一揭而起。其朝鲜用此法与否，不可得知。中国有用此法者，亦不可得知也。永嘉蠲糨纸，亦桑穰造。四川薛涛笺，亦芙蓉皮为料煮糜，入芙蓉花末汁。或当时薛涛所指，遂留名至今。其美在色，不在质料也。”[2]

《天工开物·五金·黄金》：“凡色至于金，为人间华美贵重，故人工成箔后施之。凡金箔，每金七厘造方寸金一千片，黏铺物面，可盖纵横三尺。凡造金箔，既成薄片后，包入乌金纸中，竭力挥椎打成（打金椎，短柄，约重八斤）。凡乌金纸由苏杭造成，其纸用东海巨竹膜为质。”[3]

[1] 宋应星撰，杨维增译注《天工开物·杀青》，第十三卷，中华书局，2021 年，第 346 至 352 页。

[2] 同上，第 354 至 355 页。

[3] 同上，《五金》第十四卷，第 363 页。

《天工开物·丹青》分为“朱”“墨”“附”三节，详细记述了朱墨和烟墨的制作方法，以及附录石绿等彩色颜料相对应的章节。

公元1639年　己卯
明思宗崇祯十二年　清太宗崇德四年

徐光启（1562—1633）逝世6年后，其撰写的《农政全书》[1]经陈子龙改编后刊行，为中国古代最大的综合性农书。

[1] 该书完成于天启五年（1625）至崇祯元年（1628）。

公元1643年　癸未
明思宗崇祯十六年　清太宗崇德八年

方以智（1611—1671）撰《物理小识》12卷成书，至康熙三年（1664）始单行刊印。

公元1644年　甲申
明思宗崇祯十七年　清世祖顺治元年

胡正言印行《十竹斋笺谱》，共收信笺图集和角花图289幅，分 4 卷 33 类。胡正言把“饾版”彩色套印和“拱花”技术结合起来，运用在《十竹斋笺谱》的印制上，使当时的单版涂色印刷产生革命性突破。现分藏中国国家图书馆、上海博物馆等处。

清朝时期

公元 1644 至 1661 年
清世祖顺治年间

设立江宁织造局，主要“造作缣帛纱縠之事”。

周嘉胄（1582—约 1661）撰《装潢志》成。

中国制浆造纸研究所的研究显示：清顺治起，宣纸生纸和加工纸都含有各种不同配比的青檀皮和稻草。

中国使用铜网抄纸，并加以革新，研制出“圆筒侧理纸”。

公元 1667 年　丁未
清圣祖康熙六年

饶州府推官翟世琦召集窑户印制“瓷易经”，即以瓷土烧制活字印刷。

公元 1671 年　辛亥
清圣祖康熙十年

荷兰政府禁止进口法国纸张。

公元 1680 年　庚申
清圣祖康熙十九年

荷兰人发明用于造纸的“荷兰式”打浆机。1682 年荷兰人约翰·乔吉姆·比彻（Johann Joachim Becher）第一时间记录下“荷兰式”打浆机的使用情况，并详细描述了“荷兰式”打浆机的细节。[1]

[1] Dard Hunter.Papermaking: The History and Technique of an Ancient Craft(Alfred A. Knopf,Inc,1947),483.

公元 1682 年　壬戌
清圣祖康熙二十一年

世界博物馆史上第一个具有近代博物馆特征的博物馆——阿什摩林博物馆向公众开放。英国贵族阿什摩林将其收藏全部捐献给牛津大学，建立了向公众和学者开放的博物馆。

公元 1687 年　丁卯
清圣祖康熙二十六年

欧洲开始使用赭石、赭土、朱砂用于纸张染色。[1]

[1] Dard Hunter.Papermaking: `The History and Technique of an Ancient Craft((Alfred A. Knopf,Inc,1947),483.

公元 1690 年　庚午
清圣祖康熙二十九年

在奥斯陆建立挪威最早的纸厂。

德国移民威廉·利特豪斯（William Rittenhouse）在宾夕法尼亚州费城附近的杰曼顿建立第一家美国造纸工厂。费城成为美国最早的造纸和印刷业中心。[2]

[2] 同上。

公元 1691 年　辛未
清圣祖康熙三十年

纳撒尼尔·吉福德（Nathaniel Gifford）申请取得第一项有关纸张染色的英国专利。[3]

[3] Dard Hunter.Papermaking: The History and Technique of an Ancient Craft(Alfred A. Knopf,Inc,1947),484.

公元 1693 年　癸酉
清圣祖康熙三十二年

耶稣会士安贝尔迪神父（Father J. Imberdis）著《纸和造纸技术》（Papyrus sive Ars conficiendæ Papyri）在巴黎出版。[1] 著作中使用拉丁语“papyrus”来指称当时的浆纸。[2]

[1] Dard Hunter.Papermaking: The History and Technique of an Ancient Craft(Alfred A. Knopf,Inc,1947),484.

[2] 【美】约翰·高德特著，陈阳译《法老的宝藏：莎草纸与西方文明的兴起》，社会科学文献出版社，2020 年，第 2 页。

公元 1694 年　甲戌
清圣祖康熙三十三年

康熙正式颁布了一份名为《康熙三十三年招民填川诏》的诏书，下令从湖南、湖北、广东等地大举向四川移民，史称“湖广填四川”。

公元 1714 年　甲午
清圣祖康熙五十三年

亨利·米尔（Herry Mill）发明打字机，并取得英国专利。[3]

[3] Dard Hunter.Papermaking: The History and Technique of an Ancient Craft(Alfred A. Knopf,Inc,1947),485.

公元 1718 年　戊戌
清圣祖康熙五十七年

冬，徐志定创瓷活字，并于次年用以刊印张尔岐撰写的《周易说略》。

第一台“荷兰式”打浆机在德国投入使用。德国插画师莱昂哈特·克里斯托弗·斯图姆（Loenhardt Christoph Sturm）绘制第一张荷兰式打浆机的插画在奥格斯堡出版。[1]

安德鲁·布拉德福德（Andrew Bradford）在费城完成第一次彩色（红黑）印刷。[2]

[1] Dard Hunter.Papermaking: The History and Technique of an Ancient Craft(Alfred A. Knopf,Inc,1947),485.

[2] 同上。

公元 1719 年　己亥
清圣祖康熙五十八年

法国皇家科学院院士列奥谬尔（René-Antoine Ferchault de Réaumur，1683—1757）提出用木头造纸的想法，其灵感源于他对黄蜂用木质纤维构筑巢穴的研究。[3]

[3] 【德】罗塔尔·穆勒著，何潇伊、宋琼译《纸的文化史》，广东人民出版社，2022 年，第 181 页。

公元 1728 年　戊申
清世宗雍正六年

武英殿修书处以内府铜版活字刊印出版当时世界上最大的百科全书——《钦定古今图书集成》，这是我国现存篇幅最大的类书。

法国人克劳德·热努（Claude Genuox）发明了湿式木浆法生

产湿式纸型用纸的造纸机。

公元 1730 年　庚戌
清世宗雍正八年

德国人欧内斯特 · 布吕克曼（Ernst Brückmann）出版其地质学著作时采用了以石棉（asbestos）为原料的纸张。[1]

[1] Dard Hunter.Papermaking: The History and Technique of an Ancient Craft(Alfred A. Knopf,Inc,1947),486.

公元 1733 年　癸丑
清世宗雍正十一年

雍正诏令制木刻活字，共完成 253500 个木刻活字，排印《武英殿聚珍版丛书》。

英国人威廉 · 库克沃斯（William Cookworthy）发现中国瓷土（China clay）可加入造纸。约在 1807 年瓷土开始用于装填卷纸，至 1870 年“装填卷纸”成为一种通用的模式。[2]

[2] Dard Hunter.Papermaking: The History and Technique of an Ancient Craft(Alfred A. Knopf,Inc,1947),490.

公元 1734 年　甲寅
清世宗雍正十二年

佛兰德（Flemish）作家阿尔伯特·西巴（Albert Seba，1665—1736）一套四卷的自然史著作在阿姆斯特丹出版，其中他建议采用海藻作为原料加入造纸。[3]

[3] Dard Hunter.Papermaking: The History and Technique of an Ancient Craft(Alfred A. Knopf,Inc,1947),491.

公元 1735 年　乙卯
清世宗雍正十三年

嵇曾筠等修撰《浙江通志》成，全志分 54 门 280 卷。《浙江通志》卷一百六：“理皮藤，《金华府志》：皮有文理，造纸最坚。土人煮竹箨和之，东阳永宁乡白溪能造，其地近剡故尔。”[1]

奥巴代亚·威尔德（Obadiah Wyld）取得防火纸和防水纸的英国专利。[2]

[1] 嵇曾筠等《浙江通志》卷一百六，钦定四库全书本。

[2] Dard Hunter.Papermaking: The History and Technique of an Ancient Craft(Alfred A. Knopf,Inc,1947),491.

公元 1741 年　辛酉
清高宗乾隆六年

法国科学家让—艾蒂安·盖塔尔（Jean Étienne Guettard，1715—1786）建议采用水绵属植物及其他植物作为造纸原料。[3]

[3] Dard Hunter.Papermaking: The History and Technique of an Ancient Craft(Alfred A. Knopf,Inc,1947),492.

公元 1750 年　庚午
清高宗乾隆十五年

欧洲开始使用布背纸（cloth—backed），主要用于地图和海图的绘制。[4]

波斯发明的大理石纹纸用于美国书籍装帧。[5]

[4] Dard Hunter.Papermaking: The History and Technique of an Ancient Craft(Alfred A. Knopf,Inc,1947),495.

[5] 同上。

公元 1751 年　辛未
清高宗乾隆十六年

杨德旺和高类思同赴法国留学。法国国王路易十五（1710—1774）赐给他们望远镜、显微镜、电气机械、手提印刷机等。1765 年回国前，时任法国财政大臣杜尔哥（Anne Robert Jacques Turgot，1727—1781）与他们会面，面交 52 项有关中国的问题，希望他们返华后帮助解决，其中有几项与造纸有关。1766 年杨德旺、高类思回到中国后，将杜尔哥希望得到的纸帘、原料样本和纸样，连同技术说明等，通过商船寄回法国。自此法国造纸业大受裨益，快速发展。

公元 1753 年　癸酉
清高宗乾隆十八年

卡罗勒斯 · 林内乌斯（Carolus Linnaeus）正式确定纸莎草的拉丁文学名是 Cyperus papyrus（埃及纸莎草）。[1]

[1] 【美】约翰 · 高德特著，陈阳译《法老的宝藏：莎草纸与西方文明的兴起》，社会科学文献出版社，2020 年，第 258 页。

公元 1755 年　乙亥
清高宗乾隆二十年

老詹姆斯 · 沃特曼（James Whatman the elder）发明布纹纸（wove paper）。布纹纸是纹理不匀且呈颗粒状的纸张，大部分在连续运转的密网金属带上制成。[2]

[2] 【英】约翰 · 卡特著，尼古拉斯 · 巴克、西姆兰 · 撒达尼修订，余彬、恺蒂译《藏书 ABC》，译林出版社，2022 年，第 514 页。

公元 1761 年　辛巳
清高宗乾隆二十六年

基于皇家科学院在法国各地区的调查，天文学家、科学院院士杰罗姆·拉朗德（Joseph Jérôme Lefrançois de Lalande，1732—1807）发表了论文《造纸的艺术》。

公元 1764 年　甲申
清高宗乾隆二十九年

英国人乔治·卡明斯（George Cummings）申请“涂布纸技术”（the coating of paper）的英国专利。涂布纸技术是将白铅粉、石膏、石灰和水混合，涂刷到纸上。这是欧洲人第一次出现“涂布纸”实例。[1]

皮埃尔 - 西蒙·富尼耶（Pierre-Simon Fournier，1712—1768）著《活字印刷手册》（Manuel Typographique）在法国出版。

[1] Dard Hunter.Papermaking: The History and Technique of an Ancient Craft(Alfred A. Knopf,Inc,1947),496.

公元 1765 年　乙酉
清高宗乾隆三十年

德国人雅各布·克里斯蒂安·谢弗（Jacob Christian Schäffer，1718—1790）先后发表《不用破布或减少添加物制作同等质量纸张的尝试及案例》（Versuche und Muster,theils ohne Lumpen,theils mit einem geringen Zusatze derselben Papier zu machen，

1765），《植物造纸及减少造纸原材料的新尝试与新案例》（Neuen Versuche und Muster,das Pflanzenreiche zum Papiermachen und andern Sachen wirtschaftlich zu gebrauchen，1765—1767）三卷。

狄德罗（Denis Diderot，1713—1784）和达朗贝尔（Jean le Rond d' Alembert，1717—1783）主编的《百科全书：科学、艺术和工艺详解词典》发布了"造纸术"这一词条。这一词条的重要贡献者是该书的插图师兼雕刻师路易斯·雅克·古斯易（Louis—Jacques Goussier）。

公元 1773 年　癸巳
清高宗乾隆三十八年

《四库全书》全称《钦定四库全书》，是清代乾隆时期编修的大型丛书。在清高宗乾隆帝的主持下，由纪昀等 360 多位高官、学者编撰，3800 多人抄写，耗时十三年编成。分经、史、子、集四部，故名"四库"。乾隆三十八年二月，《四库全书》正式开始编修，以纪昀、陆锡熊、孙士毅为总纂官，陆费墀为总校官，下设纂修官、分校官及监造官等 400 余人。历时 10 载，至乾隆四十七年（1782），编纂初成；乾隆五十八年（1793）才全部完成。

公元 1774 年　甲午
清高宗乾隆三十九年

在紫禁城文华殿后建文渊阁，以藏《四库全书》。

金简《钦定武英殿聚珍版程式》"政书类六考工之属"："乾隆三十九年四月二十六日，臣王际华、英廉、金简谨奏为请，旨事前经臣金简奏请将《四库全书》内应刊各书，改刻大小活字十五万个，摆版刷印通行，荷蒙允准嗣。又仰遵训示，添备十万余字。二共应刻二十五万余字，现已刻得足敷排用。仰蒙钦定嘉名为《武英殿聚珍版》实为艺林盛典。拟于每页前幅版心下方列此六字至所有工料前，经臣金简奏明领过广储司库银一千四百两，兹添刻木字等项尚属不敷应用，请仍在广储司银库内再领银八百两。统俟臣金简另行核实奏销。现在《四库全书》处交到奏准应刻各书应按次排版刷印每部。拟用连四纸刷印二十部，以备陈设；仍各用竹纸刷印，颁发定价通行。其某种应印若干部之处，臣等会同各总裁酌量多少，另缮清单恭呈。”[1]“乾隆三十九年十二月二十六日臣王际华、英廉、金简谨奏所有应用：武英殿聚珍版排印各书，今年十月间曾排印禹贡指南、春秋繁露、书录解题、蛮书共四种，业经装潢样本呈览。今续行校得之鹖冠子一书现已排印完竣，遵旨刷印连四纸书五部、竹纸书十五部，以备陈设。谨各装潢样本一部恭呈御览外，又刷印得竹纸书三百部，以备通行。其应行带往盛京恭贮之处，照例办理。”[2]

瑞典化学家卡尔·威尔海姆·斯齐勒（Karl Wilhelm Scheele，1742—1786）发现氯在造纸上的漂白作用。[3]

[1] 金简《钦定武英殿聚珍版程式》，“奏议”，钦定四库全书本。

[2] 同上。

[3] Dard Hunter.Papermaking: The History and Technique of an Ancient Craft(Alfred A. Knopf,Inc,1947),503.

公元 1777 年　丁酉
清高宗乾隆四十二年

美国开国元勋、科学家本杰明·富兰克林（Benjamin Franklin，1706—1790）将布纹纸（wove paper）带到巴黎进行展示。[4]

[4] Dard Hunter.Papermaking: The History and Technique of an Ancient Craft(Alfred A. Knopf,Inc,1947),509.

公元 1784 年 甲辰
清高宗乾隆四十九年

欧洲第一次用亚麻和棉类以外的原料制造的纸张刊印书籍。这种纸采用草、椴树皮和某种植物纤维混合制浆在法国生产出来。[1]

[1] Dard Hunter.Papermaking: The History and Technique of an Ancient Craft(Alfred A. Knopf,Inc,1947),509—510.

公元 1788 年 戊申
清高宗乾隆五十三年

尼古拉斯 · 德马雷（Nicholas Desmarets，1725—1815）在巴黎发表《论造纸艺术》（Traité de l' art de fabriquer le papier）。[2]

美国开国元勋、科学家本杰明 · 富兰克林在费城召开的美国哲学会会议上作题为《论中国人造大幅单面平滑纸的方法》（The Chinese had overcome the difficulties of making paper in unusually large sheets）的主旨发言，后论文于 1793 年发表在《美国哲学会会报》上。[3]

[2] Dard Hunter.Papermaking: The History and Technique of an Ancient Craft(Alfred A. Knopf,Inc,1947),512.

[3] Dard Hunter.Papermaking: The History and Technique of an Ancient Craft(Alfred A. Knopf,Inc,1947),512—513.

公元 1790 年 庚戌
清高宗乾隆五十五年

英国人约瑟夫·布拉玛（Joseph Bramah）发明了液压机用于挤压新抄湿纸的水分，替代传统螺丝杆榨干机。[4]

英国人约翰·菲普斯（John Phipps）发明了将水印线印在纸上的方式用于写作教学。[5]

[4] Dard Hunter.Papermaking: The History and Technique of an Ancient Craft(Alfred A. Knopf,Inc,1947),513.

[5] 同上。

公元 1792 年　壬子
清高宗乾隆五十七年

《四库全书》全部完成。乾隆帝命人手抄了 7 部《四库全书》分别藏于全国各地。先抄好的四部分贮于紫禁城文渊阁（现存台北故宫博物院）、辽宁沈阳文溯阁（现存甘肃省图书馆）、圆明园文源阁（1860 年毁于英法联军）、河北承德文津阁（现存国家图书馆）珍藏，这就是所谓的“北四阁”。后抄好的三部分贮扬州文汇阁（1853 年毁于太平军）、镇江文宗阁（1854 年毁于太平军）和杭州文澜阁（残存于浙江省图书馆）珍藏，这就是所谓的“南三阁”。

公元 1793 年　癸丑
清高宗乾隆五十八年

英国人威廉 · 斯科特（William Scott）和乔治 · 格里高利（George Gregory）取得了通过蒸汽加热抄纸桶的专利，这是造纸技术上的一项进步，改变了原先通过独立的木炭燃烧加热方式。[1]

[1] Dard Hunter.Papermaking: The History and Technique of an Ancient Craft(Alfred A. Knopf,Inc,1947),518—519.

公元 1797 年　丁巳
清仁宗嘉庆二年

英国人开始用黄麻为原料造纸。是年，在伦敦用黄麻为原料的纸张印行了一本关于以黄麻造纸的小册子。[2]

欧洲开始利用铬酸铅将纸张染色成黄色和褐色。[3]

[2] Dard Hunter.Papermaking: The History and Technique of an Ancient Craft(Alfred A. Knopf,Inc,1947),522.

[3] 同上。

[1] 王菊华等《中国古代造纸工程技术史》，山西教育出版社，2006 年，第 333 页。

根据王菊华对清代嘉庆年间所产两份宣纸纸样检测结果显示，嘉庆二年的为檀皮 100% 纯青檀皮宣纸；嘉庆十二年的吏部笔帖为檀皮 50%、稻草 50% 的半料宣纸。[1]

公元 1798 年　戊午
清仁宗嘉庆三年

法国人尼古拉斯·路易斯·罗贝尔（Nicholas-Louis Robert，1761—1828）在法国埃松（Essonne）的纸厂中试验机器造纸，发明世界上第一台长网（帘）造纸机。

公元 1799 年　己未
清仁宗嘉庆四年

[2] Dard Hunter.Papermaking: The History and Technique of an Ancient Craft(Alfred A. Knopf,Inc,1947),522—523.

[3] 【英】基思·休斯敦著，伊玉岩、邵慧敏译《书的大历史：六千年的演化与变迁》，生活·读书·新知三联书店，2020 年，第 208 页。

德国人森格（G. A. Senger）用藻类为原料制造的纸张上印行了一本关于利用水藻为原料造纸的小册子。[2]

阿洛伊思·逊纳菲尔德（Alois Senefelder，1771—1834）发明石印术（lithography），又称为“平版印刷术”，获得在巴伐利亚进行“化学印刷”（chemical printing）的专属许可证，次年他在伦敦获得了平版印刷的专利权。[3]

公元 1800 年　庚申
清仁宗嘉庆五年

马提亚斯 · 库普斯（Matthias Koops）在伦敦试验用木材、稻草和回收纸造纸，并用这些原料生产的纸张刊印自己有关书史的书籍。为此库普斯申请了草纸、再生纸和木浆纸的专利。[1]

德国人莫里茨 · 弗雷德里希 · 伊利格（Moritz Friedrich Illig，1777—1845）在纸浆中加入松香胶用以纸张的定型。[2]

马洪 · 斯坦霍普伯爵（Charles Mahon，Earl Stanhope，1753—1816）发明了第一架英国铁制印刷机。[3]

[1] Dard Hunter.Papermaking: The History and Technique of an Ancient Craft)Alfred A. Knopf,Inc,1947),523.

[2] 同上。

[3] 【英】查尔斯·辛格等主编，远德玉、丁云龙主译《（牛津）技术史》第 V 卷，19 世纪下半叶，中国工人出版社，2020 年，第 843 至 844 页。

公元 1801 年　辛酉
清仁宗嘉庆六年

造纸机发明人罗贝尔的表兄法国人甘布尔（John Gamble）获得造纸机的英国专利。[4] 赴英国与亨利 · 富德里尼耶（Herry Fourdrinier）合作制造造纸机，经工程师布莱恩 · 唐金（Bryan Donkin）改良后，成功安装于英国弗洛格莫工场，是世界上第一台市场销售的工业造纸机。至今，Fourdrinier machine 一词仍指“长网造纸机”。

[4] Dard Hunter.Papermaking: The History and Technique of an Ancient Craft(Alfred A. Knopf,Inc,1947),524.

公元 1802 年　壬戌
清仁宗嘉庆七年

英国制造出用于造纸纤维搅拌的机械搅拌机。[5]

[5] Dard Hunter.Papermaking: The History and Technique of an Ancient Craft(Alfred A. Knopf,Inc,1947),525.

公元 1807 年　丁卯
清仁宗嘉庆十二年

马礼逊（Robert Morrison，1782—1834）来华，他不仅编辑出版了中国历史上第一部英汉字典——《华英字典》，还出版了汉文期刊《察世俗每月统纪传》。1810 年起以木刻印刷第一种中文书《耶稣救世使徒传真本》，在 1823 年印成全本中文圣经《神天圣书》。此后马礼逊转向倡导以西式活字印刷中文，并在 1834 年进一步打造活字，从逐字雕刻的中式活字着手，以字模铸造西式中文活字。[1]

[1] 参见苏精《铸以代刻：十九世纪中文印刷变局》，中华书局，2018 年。

公元 1809 年　己巳
清仁宗嘉庆十四年

英国人迪金森（John Dickinson，1782—1869）发明单筒圆网造纸机（cylinder paper-machine）。[2] 长网造纸机和圆网造纸机的发明与投产，解决了欧洲传统工艺的改造问题。伴随着欧洲工业革命，发明创新不断持续，直至以木材及其他植物原料为处理对象的化学制浆法的发明，推动机制纸的迅速发展，逐步形成了纸浆到成品纸的一条龙作业，实现机械化大生产，实现造纸生产的近现代化过程。

[2] Dard Hunter.Papermaking: The History and Technique of an Ancient Craft)Alfred A. Knopf,Inc,1947),532.

萨缪尔·格林（Samuel Green）取得纸张热压技术的美国专利，这一技术至今仍在应用。[3]

[3] 同上。

公元 1810 年　庚午
清仁宗嘉庆十五年

托马斯 · 弗洛格纳尔 · 迪布丁(Thomas Frognall Dibdin,1776—1847)编撰《古书珍赏：英伦印刷史》(Typographical Antiquities:or the History of Printing in England Scotland and Ireland)。将约瑟夫 · 埃姆斯(Joseph Ames)1749 年印行的《古书珍赏》(Typographical Antiquities)、威廉 · 赫伯特(William Herbert)1785 年的修订版以及约翰 · 刘易斯(John Lewis)著《卡克斯顿生平》(The Life of Caxton)合并印行。[1]

[1] 【英】威廉·赫伯特，约瑟夫·埃姆斯著，托马斯·弗罗格纳尔·迪布丁《古书珍赏：英伦印刷史》(英文)，上海三联书店，2019 年，第 2 页。

公元 1811 年　辛未
清仁宗嘉庆十六年

在美索不达米亚进行科学考古发掘的第一人是克劳迪乌斯·詹姆斯·里奇(Claudius James Rich，1787—1821)，他以英国东印度公司驻巴格达代表的身份考察了巴比伦遗址，绘制了地图并部分地进行了简单地发掘。1813 年他发布《巴比伦遗址报告》，1818 年又发表了第二份报告。随后他把目标转向了摩苏尔，他对尼尼微的大土墩进行了勘察和描述，搜集了许多刻有文字的泥版、砖块、界碑和圆筒印章等。里奇所获得的这些古物成为大英博物馆美索不达米亚藏品的核心。[2]

[2] 于殿利《古代美索不达米亚文明》，北京师范大学出版社，2018 年，第 25 至 26 页。

公元 1814 年　甲戌
清仁宗嘉庆十九年

德国人弗里德里希·柯尼希（Friedrich Gottlob Koenig）和安德烈亚斯·鲍尔（Andreas Friedrich Bauer）发明第一台滚筒式印刷机（cylinder press）。

英国东印度公司专为印刷马礼逊编撰的中英文字典成立澳门印刷所。澳门印刷所生产马礼逊的字典，经过长达九年多时间终于在 1823 年完成四开本、六大册、将近 5000 页的印刷。[1] 后来此印刷所生产了 20 种中国相关的书刊，是英国人开始了解与研究中国初期非常重要的一个环节。

[1] 苏精《铸以代刻：十九世纪中文印刷变局》，中华书局，2018 年，第 24 至 31 页。

公元 1815 年　乙亥
清仁宗嘉庆二十年

英国人爱德华·考伯（Edward Cowper）为制作弧形“铅版”（stereotype，一整页活字印版的薄金属复制件）申请了专利，为之后完全用以滚筒构成的印刷机铺平了道路。[2]

基督教传教士米怜（William Milne，1785—1822）接受马礼逊的建议，在马六甲建立布道站并附设印刷所“英华书院”。[3]

[2] 【英】基思·休斯敦著，伊玉岩、邵慧敏译《书的大历史：六千年的演化与变迁》，生活·读书·新知三联书店，2020 年，第 125 页。

[3] 苏精《铸以代刻：十九世纪中文印刷变局》，中华书局，2018 年，第 8 页。

公元 1820 年　庚辰
清仁宗嘉庆二十五年

英国人克朗普顿（Thomas Bronsor Crompton）发明造纸机的烘缸（drying culinders），使纸张快能够速干燥，完善了现代造纸工艺流程。

公元 1822 年　壬午
清宣宗道光二年

在四川意外发现一批古代封泥，陆续被龚自珍（1792—1841）、吴荣光（1773—1843）等获得。1842 年，吴荣光将所得封泥摹入《筠清馆金石录》，这是对封泥的最早著录。后刘喜海（1793—1852）根据《后汉书·百官志》“守宫令”下本注“主御纸笔墨及尚书财用诸物及封泥”[1]，最早为封泥正名。对封泥的系统研究始于王国维（1877—1927）《简牍检署考》。

法国东方学家让 - 弗朗索瓦·商博良（Jean-François Champollion，1790—1832）破译了圣书体象形文字的奥秘。[2]

美国发明家威廉姆·丘奇（William Church）在英格兰获得了第一台排字机专利，它的特点是有一个与字符库相连的字符盘，每个字符库上都有一组铸好的字符。该排字机将每天可以铸造的字符数量增加到了 12000 至 20000 字。[3]

[1] 范晔撰，李贤等注《后汉书》，中华书局，1965 年，第 3592 页。

[2] 【美】约翰·高德特著，陈阳译《法老的宝藏：莎草纸与西方文明的兴起》，社会科学文献出版社，2020 年，第 54 页。

[3] 【英】基思·休斯敦著，伊玉岩、邵慧敏译《书的大历史：六千年的演化与变迁》，生活·读书·新知三联书店，2020 年，第 128 至 129 页。

公元 1823 年　癸未
清宣宗道光三年

欧洲开始使用石膏（Gypsum）作为装填卷纸（“loading”）的原料。[1]

英国传教士麦都思（Walter Henry Medhurst，1796—1857）创立巴达维亚印刷所，是鸦片战争前所有基督教中文印刷所中，唯一以木刻、石印、活字三种方法生产的印刷所。[2]

[1] Dard Hunter.Papermaking: The History and Technique of an Ancient Craft(Alfred A. Knopf,Inc,1947),541.

[2] 苏精《铸以代刻：十九世纪中文印刷变局》，中华书局，2018 年，第 155 页。

公元 1825 年　乙酉
清宣宗道光五年

马礼逊著《中国杂记》（The Chinese Miscellany）一书由伦敦会赞助在英国出版，是为最早的中文石印作品。

英国手工造纸模具商约翰·马歇尔（T. John. Marshall）发明和完善了压胶辊（dandy—roll），这是一项在纸张上添加水印的技术。

公元 1826 年　丙戌
清宣宗道光六年

马礼逊购置一台石印机并携带来华，并于同年底在澳门试印传教单张，成为引介石印到中国的第一人。[3]

法国人涅普斯（Joseph Nicéphore Niépce，1765—1833）用日光蚀刻的方式得到了世界上第一张可以永久保存的照片。[4]

[3] 同上，第 17 至 18 页。

[4] 【英】查尔斯·辛格等主编，远德玉、丁云龙主译《（牛津）技术史》第Ⅴ卷，19 世纪下半叶，中国工人出版社，2020 年，第 876 页。

公元 1827 年　丁亥
清宣宗道光七年

英国人约翰·乔治·克里斯特（John George Christ）发明制造出第一张铜版纸。[1]

德国人奥赫劳泽将扬基缸（Yankee PrimeDry）用于长网造纸机的浆板干燥，实现抄纸的连续性。

[1] Dard Hunter.Papermaking: The History and Technique of an Ancient Craft(Alfred A. Knopf,Inc,1947),544.

公元 1832 年　壬辰
清宣宗道光十二年

菲利普·瓦特（Philip Watt）发明了缝纫机，这是装订自动化的一大进步。

公元 1835 年　乙未
清宣宗道光十五年

英国化学家、数学家塔尔博特（Fox Talbot，1800—1877）冲洗出第一张照相负片，发明卡罗式摄影法。[2]

[2] 【英】查尔斯·辛格等主编，远德玉、丁云龙主译《（牛津）技术史》第Ⅴ卷，19 世纪下半叶，中国工人出版社，2020 年，第 856 页。

公元 1837 年　丁酉
清宣宗道光十七年

托马斯·卡莱尔（Thoma Carlyle，1795—1881）著《法国大革命》（The French Revolution：A History，1837）。书的第一卷第二章的标题是：“纸张的时代。”

法国人戈德弗里伊·恩格尔曼（Godefroy Engelmann，1788—1839）在法国获得多色套印技术（chromolithography）的专利，这是一种使用平版印刷术进行彩色印刷的方法。

英国人威廉·汉考克（William Hancock）发明图书胶订技术。这项技术至今仍被广泛使用。[1]

[1]【英】基思·休斯敦著，伊玉岩、邵慧敏译《书的大历史：六千年的演化与变迁》，生活·读书·新知三联书店，2020 年，第 280 至 281 页。

公元 1838 年　戊戌
清宣宗道光十八年

英国人台约尔（Samuel Dyer，1804—1843）在新加坡制成第一套汉文铅字，后迁至香港印刷书报，称为“香港字”。

戴维·布鲁斯（David Bruce）发明了第一架实用的机械铸字机，在美国获得专利。[2]

[2]【英】查尔斯·辛格等主编，远德玉、丁云龙主译《（牛津）技术史》第Ⅴ卷，19 世纪下半叶，中国工人出版社，2020 年，第 833 页。

公元 1839 年　己亥
清宣宗道光十九年

罗伯特·兰森（Robert Ranson）发明改进型造纸机的烘缸并

申请专利。[1]

法国人路易斯·达盖尔（Louis Jacques Mand Daguerre，1787—1851）成功地发明了一种实用的摄影术，叫作达盖尔摄影术（银版摄影术）。[2]

[1] Dard Hunter.Papermaking: The History and Technique of an Ancient Craft(Alfred A. Knopf,Inc,1947),549.

[2] 【英】查尔斯·辛格等主编，远德玉、丁云龙主译《（牛津）技术史》第Ⅴ卷，19世纪下半叶，中国工人出版社，2020年，第876至877页。

公元1840年　庚子
清宣宗道光二十年

法兰西学院汉学家儒莲（Stanislas Julien，1797—1873）将《天工开物》造纸章节翻译成法文，刊于《科学院院报》第十卷。1856年又在《东方及法属阿尔及利亚评论》上发表《竹纸制造》一文。

德国人弗里德里希·哥特罗布·科勒（Friedrich Gottlob Keller）发明了木材制浆机，并申请德国专利，尝试用破布加木质纤维为原料的造纸方法。[3]

法国人扬（J. H. Young）和德尔康布尔（A. Delcambre）发明钢琴式排字机，并获得专利。[4]

[3] Dard Hunter.Papermaking: The History and Technique of an Ancient Craft(Alfred A. Knopf,Inc,1947),550.

[4] 【英】查尔斯·辛格等主编，远德玉、丁云龙主译《（牛津）技术史》第Ⅴ卷，19世纪下半叶，中国工人出版社，2020年，第835页。

公元1843年　癸卯
清宣宗道光二十三年

麦都思在上海创办伦敦传教会上海布道站的印刷所“墨海书馆”，是当时的上海以至中国设备最新与产量最多的近代化印刷机构。[5]

理查德·霍伊（Richard March Hoe）制造出第一台平版轮转印刷机（lithographic rotary printing press）。这种印刷机将字模

[5] 苏精《铸以代刻：十九世纪中文印刷变局》，中华书局，2018年，第154页。

放在一个旋转的滚筒上，大大加快了印刷过程，每小时可以达到22000至24000印。

公元1844年 甲辰
清宣宗道光二十四年

[1] 苏精《铸以代刻：十九世纪中文印刷变局》，中华书局，2018年，第300页。

美国长老会澳门布道站成立印刷所“华英校书房”。1845年迁到宁波并改名为华花圣经书房。[1]

公元1846年 丙午
清宣宗道光二十六年

[2]【英】查尔斯·辛格等主编，远德玉、丁云龙主译《（牛津）技术史》第V卷，19世纪下半叶，中国工人出版社，2020年，第851页。

[3] 苏精《铸以代刻：十九世纪中文印刷变局》，中华书局，2018年，第212至215页。

罗伯特·霍（Robert Hoe）在美国先后研制出单滚筒印刷机和双滚筒印刷机，后经屡次改进，安装在《费城公众纪事报》印刷所，被称为“霍氏轮转印刷机”。[2]

亚历山大·施敦力（Alexander Stronach，1800—1879）搭乘“夏绿蒂号”（the Charlotte）船只，携带印刷机等设备，抵达香港，伦敦传教会始在香港布道站建立印刷所“英华书院”。作为中国第一家铸造西式中文活字的印刷所，在19世纪中文印刷由木刻转变成西式活字的过程中，英华书院扮演着非常重要的活字供应者角色。[3]

公元 1850 年　庚戌
清宣宗道光三十年

爱丁堡的威廉·布莱克（William Black）发明折纸机。[1]

[1]【英】基思·休斯敦著，伊玉岩、邵慧敏译《书的大历史：六千年的演化与变迁》，生活·读书·新知三联书店，2020 年，第 280 页。

公元 1851 年　辛亥
清文宗咸丰元年

查尔斯·瓦特（Charles Watt）和休·伯吉斯（Hugh Burgess）在蒸汽压力下直接加入苛性碱蒸煮制造木浆的方法取得专利。这种加工技术的原理是在高压下将木屑与某种化学品一起蒸煮，至今仍然是世界上生产化学纸浆的主要方法。[2]

英国驻巴格达总领事、东方学家亨利·罗林森（Henry Rawlinson，1810—1895）发表了他对贝希斯敦铭文石刻的巴比伦语的抄本和译文。贝希斯敦铭文石刻位于伊朗西部巴赫塔兰附近，为大流士一世在位时（前 522—前 486）所立。大流士一世用三种语言（古波斯语、埃兰语和一种后期阿卡德语——巴比伦语），以颂扬其在位第一年的功绩。因而罗林森被称为“亚述学之父”。[3]

[2]【英】特雷弗·I. 威廉斯主编，姜振寰、张秀杰、司铁岩主译《（牛津）技术史》第 VI 卷，20 世纪上，中国工人出版社，2020 年，第 628 至 629 页。

[3]【法】安娜 - 玛丽·克里斯坦主编，王东亮、龚兆华译《文字的历史：从表意文字到多媒体》，商务印书馆，2019 年，第 47 至 48 页。

公元 1855 年　乙卯
清文宗咸丰五年

理查德 · 赫林（Richard Herring）在伦敦出版《纸与造纸：古与今》（Paper and Paper Making，Ancient and Modern）一书。

法国人阿方斯·路易·普瓦特万（Alphonse Louis Poitevin）申请“照相平版印刷技术”的发明专利，第一次成功地将照相和平版印刷结合起来。[1]

[1]【英】基思·休斯敦著，伊玉岩、邵慧敏译《书的大历史：六千年的演化与变迁》，生活·读书·新知三联书店，2020 年，第 214 页。

公元 1857 年　丁巳
清文宗咸丰七年

英国人托马斯·鲁特利奇（Thomas Routledge）利用生长于西班牙和北非的禾本科野生植物针茅草造纸成功（esparto paper）。[2]

美国人本杰明·蒂尔曼（Benjamin C. Tilghman）和理查德·蒂尔曼（Richard Tilghman）在巴黎开始试验用亚硫酸盐工艺从木材中提取木质纤维素的化学制浆方法。[3]

[2] F.H.Norris.Paper and Paper Making(Oxford University Press,1952).

[3] Dard Hunter.Papermaking: The History and Technique of an Ancient Craft(Alfred A. Knopf,Inc,1947),561.

公元 1859 年　己未
清文宗咸丰九年

戈登·约伯（George Phineas Gorden）生产出富兰克林印刷机（Franklin press）。

美国传教士姜别利（William Gamble，1830—1886）创制电镀华文字模。次年，按常用、备用、罕用三类置于排字架。

威妥玛爵士（Sir Thomas Francis Wade）创立一套罗马化拼音系统——北京话音节表（Peking Syllabary）。[4]

[4]【美】墨磊宁著，张朋亮译《中文打字机：一个世纪的汉字突围史》，广西师范大学出版社，2023 年，第 176 页。

公元 1860 年　庚申
清文宗咸丰十年

英国柯曾勋爵（Lord Robert Curzon，1810—1873）在伦敦发表《中国与欧洲：印刷术的历史》（History of Printing in China and Europe）一文，收入《爱书会会刊》（Miscellanies of the Philobiblon Society）第六卷，1860—1861 年号。[1]

是年出版的格林兄弟《德语大辞典》第二卷为“手工纸”（büttenpapier）一词做出解释：经由纸浆桶制成而非机器生产的纸张。[2]

美国长老会的中文印刷出版机构迁至上海，建立“美华书馆”。在姜别利的主持下，美华书馆迅速发展成为中国最先进也最具规模的印刷机构，西式活字印刷中文的技术、效率与经济等条件，在和木刻印刷的竞争中超越并取而代之，成为 20 世纪中文印刷的主要方法。[3]

[1] 参见 Robert Curzon. “History of Printing in China and Europe.” Miscellanies of the Philobiblon Society. Vol. VI(1860—1861).1—33.

[2] 【德】罗塔尔·穆勒著，何潇伊、宋琼译《纸的文化史》，广东人民出版社，2022 年，第 314 页。

[3] 苏精《铸以代刻：十九世纪中文印刷变局》，中华书局，2018 年，第 527 页。

公元 1863 年　癸亥
清穆宗同治二年

美国人威廉·布洛克（William Bullock）对轮转印刷机进行自动化改造，实现完全自动化。布洛克的蒸汽驱动型轮转印刷机使用富德里尼耶长网造纸机批量生产的卷筒纸，一系列装有弧形铅版的滚筒会双面印刷卷筒纸，切纸机器在纸张通过时会将其切成单张。[4]

[4] 【英】基思·休斯敦著，伊玉岩、邵慧敏译《书的大历史：六千年的演化与变迁》，生活·读书·新知三联书店，2020 年，第 125 页。

公元 1865 年　乙丑
清穆宗同治四年

上海江南制造局印书处在中国最早应用照相制版技术，印刷方言馆的书籍。

公元 1867 年　丁卯
清穆宗同治六年

德国《综合技术期刊》摘选刊登了安塞姆 · 佩恩（Anselme Payen，1795—1871）的论文《关于木质纤维的结构和化学组成》（Ueber die Structur und die chemische Constitution der Holzfaser）。[1]1962 年，美国化学会设立“安塞姆·佩恩奖”，嘉奖和鼓励对纤维素及其产品在基础科学研究和化学技术方面作出卓越贡献的人，是国际纤维素与可再生资源材料领域的最高奖。

[1] 【德】罗塔尔·穆勒著，何潇伊、宋琼译《纸的文化史》，广东人民出版社，2022 年，第 252 页。

公元 1872 年　壬申
清穆宗同治十一年

卡尔·丹尼尔 · 伊克曼（Carl Daniel Ekman）和乔治 · 富利（George Fry，1843—1934）在英国继续试验蒂尔曼的亚硫酸盐制浆法，最终在瑞典建成一座亚硫酸纸浆厂。至今亚硫酸纸浆仍然是造纸工业使用的一种主要材料。[2]

《申报》在上海创刊发行。采用铅印技术。

[2] Dard Hunter.Papermaking: The History and Technique of an Ancient Craft(Alfred A. Knopf,Inc,1947),392；【英】特雷弗·I. 威廉斯主编，姜振寰、张秀杰、司铁岩主译《（牛津）技术史》第 VI 卷，20 世纪上，中国工人出版社，2020 年，第 629 页。

申报馆最早使用手摇式轮转机印刷报纸。

日本从英国引进技术，聘请英国人约翰·罗杰斯（John Rogers）担任主管，在东京附近建立第一家机制纸厂——汤谷纸厂（The Yuko Company）。该厂于1874年达产。[1]

[1] Dard Hunter.Papermaking: The History and Technique of an Ancient Craft(Alfred A. Knopf,Inc,1947),570—571.

公元1873年　癸酉
清穆宗同治十二年

香港布道站出售英华书院给中华印务总局（The Chinese Printing Company），象征传教士引介西式活字印刷术来华行动的结束，从此展开的是主要由中国人自行使用与推广的本土化阶段。[2]

[2] 苏精《铸以代刻：十九世纪中文印刷变局》，中华书局，2018年，第281页。

总理各国事务衙门下属的京师同文馆建立印刷所，首先用铅字排印《钦定剿平粤匪方略》《钦定剿平捻匪方略》两部大型官书，随后几年又排印了列朝圣训和御制诗文集。

《李鸿章全集》录一则同治十二年军机处档案："剿平粤匪、捻匪方略改用集字板刷印，所需粉连纸、毛太纸，奏请敕臣采买，陆续解交。"[3]

[3] "方略馆购纸报销片"，同治十二年十月二十七日，顾廷龙、戴逸《李鸿章全集5》，安徽教育出版社，2008年，第467页。

6月20日，《申报》刊登《京都设西法印书馆》消息。八月开机试印，排印总理各国事务大臣董恂集句的楹联集《俪白妃黄册》四卷，是现存最早的中国官方机构使用铅印机器印刷的书。

12月13日，《申报》头版发表《铅字印书宜用机器论》，号召出版业使用机器铅印。

公元 1874 年　甲戌
清穆宗同治十三年

上海土山湾印刷所（1870 年创立）始设石印印刷部，为中国最早采用石印技术的印刷机构之一。次年，珂罗版印刷技术传入中国，上海土山湾印刷所首次应用珂罗版印刷“圣母像”。

公元 1875 年　乙亥
清德宗光绪元年

托马斯·劳特利奇用竹纸印行《作为造纸原料的竹》（Bamboo, as a Papermaking Material），这是西方人第一次用竹子为原料造纸。次年，荷兰阿纳姆城又用竹纸以荷兰文出版书籍。[1]

[1] 潘吉星《中国科学技术史·造纸与印刷卷》，科学出版社，1998 年，第 594 页。

公元 1876 年　丙子
清德宗光绪二年

德国人卡尔·霍夫曼（Carl Hofmann）成立《纸报》（Pepier Zeitung）。他的权威著作是《造纸实用手册》（Praktisches Handbuch der Papierfabrication）。

美国人乔伊尔·孟塞尔（Joel Munsell）著《纸与造纸的起源、演进年表》（Chronology of the Origin and Progress of Paper and Paper—making）一书出版。

美国人托马斯·爱迪生（Thomas Alva Edison，1847—1931）

发明用电驱动铁笔刻写蜡纸的誊写版印刷技术，并申请获得誊写印刷专利。1880 年，再获得手工制备印刷用蜡版的专利，其核心工具包含铁笔、钢板和蜡纸。[1]

[1] 艾俊川《中国印刷史新论》，中华书局，2022 年，第 104 页。

公元 1877 年　丁丑
清德宗光绪三年

德国李希霍芬（Ferdinand von Richthofen，1833—1905）发表在华考察报告《中国：亲身旅行和据此所作研究的成果》（China. Ergebnisse eigener Reisen und darauf gegründeter Studien），书中最早使用“丝绸之路”（Seidenstraße）一词。

第一部电力驱动的铸字机是由克洛斯（Clowes）公司研制的胡克铸字机（the Hooker，1874）。1877 年，在卡克斯顿（Caxton）庆典上展出。[2]

[2] 【英】查尔斯·辛格等主编，远德玉、丁云龙主译《（牛津）技术史》第 V 卷，19 世纪下半叶，中国工人出版社，2020 年，第 837 页。

申报馆采用铅字印刷术推出一部收录“近时新出”制艺文的《文苑精华》，从中获得丰厚收益。

公元 1878 年　戊寅
清德宗光绪四年

詹姆斯·克莱芬（James Clephane）聘请发明家穆尔（Charles T. Moore）设计出用纸型模子铸造与铅字的标准高度等高的铅字条的方法。[3]

[3] 同上，第 838 页。

公元1879年　己卯
清德宗光绪五年

[1]【英】查尔斯·辛格等主编，远德玉、丁云龙主译《（牛津）技术史》第V卷，19世纪下半叶，中国工人出版社，2020年，第838页。

詹姆斯·克莱芬和德国移民奥特玛尔·默根特勒（Ottmar Mergenthaler，1854—1899）根据穆尔的方法成功制造出轮转印刷机。[1]

公元1880年　庚辰
清德宗光绪六年

申报馆购置石印机，设立点石斋，刊印《康熙字典》。

公元1881年　辛巳
清德宗光绪七年

[2]同上，第834页。

英国人威克斯（Frederick Wicks）取得轮转铸字机的专利。[2]

公元1882年　壬午
清德宗光绪八年

曹子挥等私人筹资在上海杨树浦购地筹办上海机器造纸局，是中国第一家民族资本机器造纸厂，股东为曹子挥、曹子俊、郑观应、唐景星、李秋坪等。于 1884 年 8 月试车投产，主要机器设备有多烘缸长网造纸机一台，为英国莱司（Leith）城厄姆浮士顿公司（Empherston & Co.）出品，采用破布、麻绳、废纸、竹料制造漂白施胶的洋式纸张，工人 100 人，日产 2 吨。[1]

郑观应（1842—1921）撰《盛世危言·后编》卷七“给曹子挥信札”，内云：“昨接惠书并折一扣，据集股创设洋绒、洋纸公司，嘱即具禀北洋大臣李傅相，乞批准，俾速开办……鄙见宜先创设洋纸公司……昨代拟稿，乞盛观察（宣怀）改正缮禀面呈傅相，旋蒙批准。”[2]

广东商人钟星溪于 1882 年在广州盐步镇水藤乡筹办广州宏远堂机器造纸公司。主要设备有英国爱丁堡柏川公司 1886 年出品的 90″长网造纸机一台，聘请葛利森为工程师，约翰斯顿为工程顾问，采用破布、废棉及稻草做原料，主要生产洋连史纸及粗纸。1890 年投产，工人约有 100 人，年生产能力 804 万吨。[3]

广州创办机器印刷局。

德国人迈森巴赫（Georg Meisenbach）发明了照片印刷术，第一次使用了给负片曝光时反转的单线网屏，使照片得以直接用于印刷。[4]

[1] 中国科学院经济研究所等编《中国资本主义工商业史料丛刊·中国近代造纸工业史》，科学出版社，2018 年，第 52 至 53 页。

[2] 同上，第 52 页。

[3] 同上，第 55 页。

[4] 【英】查尔斯·辛格等主编，远德玉、丁云龙主译《（牛津）技术史》第Ⅴ卷，19 世纪下半叶，中国工人出版社，2020 年，第 858 页。

公元 1884 年　甲申
清德宗光绪十年

德国人达尔（Carl F. Dahl）发明硫酸盐制浆法制造牛皮纸。[5]

雨果 · 布雷默（Hugo Brehmer）开发出第一台用于书籍装订的机械式锁线机。

[5] 【英】特雷弗·I. 威廉斯主编，姜振寰、张秀杰、司铁岩主译《（牛津）技术史》第Ⅵ卷，20 世纪上，中国工人出版社，2020 年，第 629 页。

公元 1885 年　乙酉
清德宗光绪十一年

[1] 潘吉星《中国科学技术史·造纸与印刷卷》，科学出版社，1998 年，第 262 至 264 页。

[2] 【法】安娜 - 玛丽·克里斯坦主编，王东亮、龚兆华译《文字的历史：从表意文字到多媒体》，商务印书馆，2019 年，第 547 至 548 页。

黄兴三（约 1850—1910）撰《造纸说》。书中记载浙江造纸技术，并将技术工艺概括为 12 个步骤。特别提到“日光漂白”工序。[1]

林·博伊德·本顿（Linn Boyd Benton）发明缩放式雕刻机，从此活字由其轮廓来确定。[2]

公元 1886 年　丙戌
清德宗光绪十二年

[3] Dard Hunter.Papermaking: The History and Technique of an Ancient Craft(Alfred A. Knopf,Inc,1947),575.

[4] 【英】基思·休斯敦著，伊玉岩、邵慧敏译《书的大历史：六千年的演化与变迁》，生活·读书·新知三联书店，2020 年，第 133 页。

英国人查尔斯·托马斯·戴维斯（Charles Thomas Davis）著《纸的制造》（The Mamufacture of Paper）中列举超过 950 种用于造纸的原料。[3]

宣纸获巴拿马国际博览会金奖。1911 年小岭曹鸿记宣纸在南阳劝业博览会获超等文牍奖。1915 年小岭姚记宣纸再获巴拿马国际博览会金奖。

奥特玛尔·默根特勒在美国巴尔的摩发明了莱诺铸排机（Linotype，整行铸造排字机）。[4]

公元 1887 年　丁亥
清德宗光绪十三年

约翰·缪伦（John W. Mullen）在美国麻省菲齐堡制造出第一

台纸张检验设备，缪伦纸张检验设备至今仍是纸张实验室的必备设备。[1]

广东人刘猷鲍在香港筹设大成机器造纸局。主要设备有英国爱丁堡柏川公司出品的 72″长网造纸机一台，采用破布为原料，主要生产六部纸、连史纸、毛边纸等。1891 年前后投产。[2]

托尔伯特·兰斯顿（Tolbert Lanston）成立兰斯顿莫诺铸排机公司，生产出第一台莫诺铸排机（Monotype，单字自动铸排机）。[3]

[1] Dard Hunter.Papermaking: The History and Technique of an Ancient Craft(Alfred A. Knopf,Inc,1947),576.

[2] 中国科学院经济研究所等编《中国资本主义工商业史料丛刊·中国近代造纸工业史》，科学出版社，2018 年，第 55 页。

[3] 【英】基思·休斯敦著，伊玉岩、邵慧敏译《书的大历史：六千年的演化与变迁》，生活·读书·新知三联书店，2020 年，第 137 页。

公元 1889 年　己丑
清德宗光绪十五年

赖兴巴赫（H. M. Reichenbach）研制出用赛璐珞制作透明胶片，由伊斯曼公司（Eastman Company）生产并投放市场。[4]

[4] 【英】查尔斯·辛格等主编，远德玉、丁云龙主译《（牛津）技术史》第 V 卷，19 世纪下半叶，中国工人出版社，2020 年，第 888 页。

公元 1890 年　庚寅
清德宗光绪十六年

英印度政府军官鲍尔（H. Bower）在新疆库车附近窃取一座佛寺遗址出土的贝叶形桦皮写本残片，经任职于加尔各答政府的英国学者霍纳（R. Hoernle）考释，判定为年代约当 4、5 世纪的梵文写本，其中有《孔雀王经》等。[5]

[5] 贺昌群《近年西北考古的成绩》，《贺昌群史学论著选》，中国社会科学出版社，1985 年，第 104 至 106 页。

公元 1893 年　癸巳
清德宗光绪十九年

曹廷柱（1873—1941）从日本引进“洋碱”和漂白粉作为加工原料生产宣纸。

由弗尼瓦公司（Furnival & Company）制造的第一台英国造珂罗版印刷机投入使用。[1]

[1]【英】查尔斯·辛格等主编，远德玉、丁云龙主译《（牛津）技术史》第V卷，19世纪下半叶，中国工人出版社，2020年，第862页。

公元 1897 年　丁酉
清德宗光绪二十三年

标志科学考古学诞生的首次发掘是法国考古学家德·摩尔根自1897年开始主持的苏萨发掘。他采取的方法是：选定发掘目标和范围，他选择了“城堡丘”；铲除耕土，即把耕土移往他处；全面揭露，直至生土为止。他的这种新方法注重各文化层的关系，注重各层建筑和遗物的年代关系，这在西亚考古史上是划时代的。[2]

美国公理会传教士谢卫楼（Davelle Z. Sheffield，1841—1913）发明出一种中文打字机，美国媒体对此进行了报道，但谢卫楼的中文打字机仅限于原型机。[3]

[2] 拱玉书等《世界文明起源研究：历史与现状》，昆仑出版社，2015年，第38页。

[3]【美】墨磊宁著，张朋亮译《中文打字机：一个世纪的汉字突围史》，广西师范大学出版社，2023年，第185至186页。

公元 1898 年　戊戌
清德宗光绪二十四年

中国第一家洋商机器造纸厂——华章造纸厂（Shanghai Pulp and

Paper Co.），由 George Racine，Ch. R. Wehrung，C. E. Roach，L. Robert 等在上海浦东陆家嘴发起设立。其基建安装工程由日本技师大川平三郎设计，主要设备是美国制造的单烘缸、双烘缸、多烘缸长网造纸机各一台，以破布为原料，以生产仿造手工连史纸为主，兼以稻草制造有光纸。1901 年开车出纸，工人约 300 人，日产量 11 吨。[1]

[1] 中国科学院经济研究所等编《中国资本主义工商业史料丛刊·中国近代造纸工业史》，科学出版社，2018 年，第 58 页。

公元 1899 年　己亥
清德宗光绪二十五年

安阳殷墟出土的甲骨文，引起京津一带金石学家王懿荣（1845—1900）、王襄的注意，开始被收藏研究。这是中国近代学术史上的一件大事，也是中国考古学诞生的前兆。[2]

[2] 王世民《中国考古学编年史》，中华书局，2024 年，第 15 页。

公元 1900 年　庚子
清德宗光绪二十六年

商务印书馆日商修文印刷所，始用纸型。

居住在敦煌莫高窟的道士王圆箓（1849—1931）在清理第 16 号窟中堆积的流沙时发现一处被封堵的洞窟，其中堆满经卷、文书、织绣、画像等珍贵文物，后被称为“藏经洞”。[3]

[3] 同上。

公元 1903 年　癸卯
清德宗光绪二十九年

[1] 吴熙敬《中国近现代技术史》下卷，科学出版社，2000 年，第 1073 页。

[2] 艾俊川《中国印刷史新论》，中华书局，2022 年，第 107 页。

商务印书馆在日本技师指导下，应用湿版照相拍摄铜锌版。[1]铜锌版印刷术传入中国，此前图书插图均为黄杨雕刻版。

傅崇矩（1875—1917）参加日本第五次国内劝业博览会，购入誊写版和真笔版各一具，将油印技术引入中国。[2]

公元 1904 年　甲辰
清德宗光绪三十年

[3] 中国科学院经济研究所等编《中国资本主义工商业史料丛刊·中国近代造纸工业史》，科学出版社，2018 年，第 60 至 61 页。

[4] 吴熙敬《中国近现代技术史》下卷，科学出版社，2000 年，第 1071 页。

清政府拟在北京设立机器造纸厂。5 月，商部奏称“拟派在籍候补四品京堂庞元济总理机器造纸公司，集股试办”，得到政府批准。庞元济在奉命后，认为北京水源含铁质较多，建议将厂设在上海，清政府同意其建议，并拨官股六万两为倡，还有免厘的优待。庞元济与严子均等另行招集商股三十万两，在上海高昌庙日晖桥筹建造纸厂，定名为龙章机器造纸公司。工程设计监督由日本王子制纸组合社的崛越寿助担任。主要机器设备购自美商茂生洋行，有美国制造的 100″多烘缸长网造纸机 2 台。所用原料以破布为主，兼用部分木浆和稻草，主要产品为仿造手工连史纸以及毛边纸。1907 年 5 月开车出纸，工人 400 余人，日产量 10 吨。[3]

上海文明书局聘请日本技师开办彩色石印。[4]

美国人艾拉 · 鲁贝尔（Ira W. Rubel）发明胶印技术（offset lithography）。

公元 1906 年 丙午
清德宗光绪三十二年

中国华北地区最早的机器造纸厂是设在山东济南官商合办的泺源造纸厂。主要机器设备有德国制的 90″长网造纸机 1 台，采用破布为原料，兼用木浆，主要产品是连史纸、包皮、火柴纸等，年生产能力 530 吨，1909 年开工生产。[1]

[1] 中国科学院经济研究所等编《中国资本主义工商业史料丛刊·中国近代造纸工业史》，科学出版社，2018 年，第 62 页。

公元 1907 年 丁未
清德宗光绪三十三年

张之洞（1837—1909）奏明在武昌城外白沙洲建设纸厂。主要设备有比国（比利时）制 86″长网造纸机 1 台，产品为印刷纸、包纱纸、连史纸等。1910 年开工，年产量 683 吨。[2]

英国人斯坦因第一次来到敦煌莫高窟，获取大量敦煌遗书。

商务印书馆在上海建立珂罗版车间。[3]

[2] 同上，第 62 页。

[3] 吴熙敬《中国近现代技术史》下卷，科学出版社，2000 年，第 1072 页。

公元 1908 年 戊申
清德宗光绪三十四年

清政府在北京建立第一个具有近代设备的印钞厂——度支部印刷局。为中国采用雕刻钢凹版印钞新工艺之始。1910 年印制出大清银行钢凹版钞票印样。[4]

伯希和来到莫高窟，从王道士手中买走 6000 余件敦煌遗书写

[4] 同上，第 1079 页。

本。此后，日本人橘瑞超、吉川小一郎，俄国人鄂登堡，美国人华尔纳等人先后从莫高窟买走不同数量的敦煌遗书。

公元1910年　庚戌
清逊帝宣统二年

由清政府度支部出资二百万两，在汉口谌家矶筹建造纸厂。辛亥革命爆发，项目一度中止。1914年北洋政府财政部支出150万作为开办费，并每年政府补助83000元，使项目于1915年开工生产。主要机器设备有72″哈巴式长网造纸机1台、42″长网造纸机1台、100″长网造纸机1台。按计划产品有新闻纸、道林纸、钞票纸、包装纸等，但实际生产开工不足，仅生产新闻纸一种。[1]

[1] 中国科学院经济研究所等编《中国资本主义工商业史料丛刊·中国近代造纸工业史》，科学出版社，2018年，第73页。

公元1911年　辛亥
清逊帝宣统三年

叶德辉撰《书林清话》成。至民国九年（1920）始行刊刻，内容涵盖古书的出版印刷、版本鉴定、文字校勘、流通收藏等多个方面，是一部翔实的中国书史。[2]

[2] 艾俊川《中国印刷史新论》，中华书局，2022年，第286页。

中华民国时期

公元 1914 年　甲寅
中华民国三年

中国机械工程师周厚坤按照《康熙字典》的部首一笔画系统排布发明一种包含 4000 多个汉字的滚筒检字的中文打字机。[1]

[1]【美】墨磊宁著，张朋亮译《中文打字机：一个世纪的汉字突围史》，广西师范大学出版社，2023 年，第 194 页。

公元 1918 年　戊午
中华民国七年

孙毓修（1871—1922）刊印《中国雕版源流考》。它是系统研究中国古代印刷历史的专著。[2]

商务印书馆设立中文打字部门。次年，舒震东入职商务印书馆研发中文打字机，并获得第一份中文打字机专利。商务印书馆迅速将“舒震东华文打字机”投入商用，至 1934 年，商务印书馆共售出超过 2000 台中文打字机。[3]

[2] 艾俊川《中国印刷史新论》，中华书局，2022 年，第 286 页。

[3] 【美】墨磊宁著，张朋亮译《中文打字机：一个世纪的汉字突围史》，广西师范大学出版社，2023 年，第 224 至 227 页。

公元 1925 年　乙丑
中华民国十四年

美国学者托马斯·弗兰西斯·卡特（Thomas Francis Carter, 1882—1925）著《中国印刷术的发明及其西传》（The Invention of Printing in China and its Spread Westward）出版。1936 年，由中国学者刘麟生（1894—1980）翻译为《中国印刷术源流史》出版。

公元 1930 年　庚午 中华民国十九年

美国学者达德 · 亨特（Dard Hunter，1883—1966）著《造纸一千八百年》（Papermaking Through Eighteen Centuries）由美国纽约威廉 · 爱德温 · 拉奇公司（William Edwin Rudge）出版。

公元 1931 年　辛未 中华民国二十年

美籍德国汉学家劳费尔著《中国古代造纸与印刷》（Paper and Printing in Ancient China）一书由美国芝加哥卡克斯顿俱乐部（Caxton Club）出版。

公元 1936 年　丙子 中华民国二十五年

达德·亨特著《造纸的朝圣之旅：日本、朝鲜、中国》（A Papermaking Pilgrimage to Japan,Korea and China）由美国纽约平森印刷（Pynson printers）出版。内含 50 枚达德亨特在日本、韩国、中国采集的手工纸样张。

公元 1939 年　己卯
中华民国二十八年

达德·亨特纸博物馆在麻省理工学院（MIT）成立。1954 年，该博物馆迁至位于威斯康星州爱普镇的（美国）纸张化工研究所（The Institute of Paper Chemistry）。[1]

[1] Dard Hunter.My life with Paper.Alfred a.Knopf New York.1953.a note on the author.

公元 1942 年　壬午
中华民国三十一年

达德·亨特著《造纸：一项古代工艺的历史与技术》（Papermaking：The History and Technique of an Ancient Craft）由美国纽约阿尔弗雷德·诺普福公司（Alfred A. Knopf Inc.）出版。

公元 1943 年　癸未
中华民国三十二年

姚士鳌（1894—1970）《中国造纸术输入欧洲考》刊发在《辅仁学志》第一卷第一期第一篇。

公元 1948 年　戊子
中华民国三十七年

5 月 15 日，李约瑟（Joseph Needham，1900—1995）正式向剑桥大学出版社递交了《中国的科学与文明》（Science and Civilisation in China）的写作、出版计划。

中华人民共和国

公元 1952 年　壬辰

诺里斯（F. H. Norris）著《纸与造纸》（Paper and Paper Making）一书由牛津大学出版社出版。

公元 1958 年　戊戌

达德·亨特著《与纸偕老》（My Life with Paper）由美国纽约阿尔弗雷德·诺普福公司（Alfred A. Knopf Inc.）出版。每本书都带有一张亨特亲手抄纸的手工纸和一张由他精挑细选的中国土纸（Chinese spirit-paper）。

| 公元 1963 年　癸卯

凌纯声《树布皮印纹陶和造纸印刷术发明》刊发在“中央研究院”民族学研究专刊之三。

| 公元 1968 年　戊申

钱存训（Tsuen—hsuin Tsien，1910—2015）应李约瑟之邀请参加撰写《中国的科学与文明》中有关造纸制墨和印刷术方面的内容。1982 年出版《纸和印刷》一书，成为第五卷《化学及相关技术》第一分册（Science and Civilisation in China V Chemistry and Chemical Technology Part 1 Paper and Printing）。

| 公元 2006 年　丙戌

5 月 20 日，国务院公布第一批国家级非物质文化遗产名录，涉及中国传统造纸技艺的有：宣纸制作技艺（安徽省泾县），铅山连四纸制作技艺（江西省铅山县），皮纸制作技艺（贵州省贵阳市、贞丰县、丹寨县），傣族、纳西族手工造纸技艺（云南省临沧市、香格里拉市），藏族造纸技艺（西藏自治区），维吾尔族桑皮纸制作技艺（新疆维吾尔自治区吐鲁番市），竹纸制作技艺（浙江省杭州市富阳区、四川省夹江县）。后国务院又于 2008 年、2011 年、2014 年、2021 年公布第二批至第五批国家级非物质文化遗产代表性项目名录，涉及中国传统造纸技艺的，累计包含 7 个名录编号、19 家申报地区及保护单位。

德国学者艾约博（Jacob Eyferth，1962—）著《以竹为生：一个四川手工造纸村的20世纪社会史》（Eating Rice of Bamboo Roots：The Social History of a Community of Handicraft Papermakers in Rural Sichuan）由哈佛大学亚洲中心出版。2016年由江苏人民出版社引进版权出版，是刘东主编的《海外中国研究丛书》之一，由韩巍翻译、吴秀杰校。

公元2009年　己丑

“宣纸传统制作技艺”“中国雕版印刷技艺”“汉字书法”“中国篆刻”等同时被联合国教科文组织列入人类非物质文化遗产名录。

同年，日本“石州半纸”单独被列为人类非物质文化遗产名录。

公元2010年　庚寅

“中国活字印刷术”被联合国教科文组织列入急需保护的非物质文化遗产名录。

公元2014年　甲午

日本在“石州半纸”的基础上，以“扩充提议”的方式，加入“细川纸”与“本美浓纸”，以“和纸·日本手漉和纸技术”名义集体申遗成功，被列入人类非物质文化遗产名录。

参考文献

专著类

（一）中文

李济《西阴村史前的遗址》，清华学校研究院，1927 年

中国科学院考古研究所《长沙发掘报告》，科学出版社，1957 年

张国淦《中国古方志考》，中华书局，1962 年

中国科学院考古研究所、甘肃省博物馆《武威汉简》，文物出版社，1964 年

马王堆汉墓帛书整理小组《古地图论文集》，文物出版社，1975 年

新疆维吾尔自治区博物馆《新疆出土文物》，文物出版社，1975 年

陈大川《中国造纸术盛衰史》，中外出版社，1977 年

河北省文物研究所《藁城台西商代遗址》，文物出版社，1977 年

马衡《凡将斋金石丛稿》，中华书局，1977 年

张星烺《中西交通史料汇编（第一册）》, 中华书局，1977 年

北京钢铁学院《中国冶金简史》，科学出版社，1978 年

自然科学史研究所《中国古代科技成就》，中国青年出版社，1978 年

潘吉星《中国造纸技术史稿》，文物出版社，1979 年

何兆武、步近智、唐宇元、孙开太《中国思想发展史》，中国青年出版社，1980 年

上海市纺织科学研究院、上海市丝绸工业公司文物研究组《长沙

马王堆一号汉墓出土纺织品的研究》，文物出版社，1980 年

中国社会科学院考古研究所编《居延汉简·甲乙篇》，中华书局，1980 年

云梦睡虎地秦墓编写组《云梦睡虎地秦墓》，文物出版社，1981 年

刘国钧《中国书史简编》，书目文献出版社，1982 年

李仁溥《中国古代纺织史稿》，岳麓书社，1983 年

陈维稷《中国纺织科学技术史》，科学出版社，1984 年

【英】培根著，许宝骙译《新工具》（Novum Organum），商务印书馆，1984 年

朴真奭《中朝经济文化交流史研究》，辽宁人民出版社，1984 年

贺昌群《贺昌群史学论著选》，中国社会科学出版社，1985 年

湖北省荆州地区博物馆《江陵马山一号楚墓》，文物出版社，1985 年

刘昭民《中华地质学史》，台湾商务印书馆，1985 年

《中国大百科全书·考古学》，中国大百科全书出版社，1986 年

河南省文物研究所《信阳楚墓》，文物出版社，1986 年

《中国考古学研究论集——纪念夏鼐先生考古五十周年》，三秦出版社，1987 年

张秀民《中国印刷史》，上海人民出版社，1989 年

刘仁庆《宣纸与书画》，中国轻工业出版社，1989 年

湖北省荆沙铁路考古队《包山楚墓》，文物出版社，1991 年

【美】卡特著，吴泽炎译《中国印刷术的发明和它的西传》，商务印书馆，1991 年

许鸣岐《中国古代造纸术起源史研究》，上海交通大学出版社，1991 年

陈显泗主编《中外战争战役大辞典》，湖南出版社，1992 年

杜石然《中国古代科学家传记（上）》，科学出版社，1992 年

丘光明《中国历代度量衡考》，科学出版社，1992 年

朱新予《中国丝绸史》，纺织出版社，1992 年

《中国美术全集·工艺美术编·漆器》，上海人民美术出版社，1993 年

戴家璋《中国造纸技术简史》，中国轻工业出版社，1994 年

湖北省文物考古研究所《江陵九店东周墓》，科学出版社，1995 年

连云港市博物馆等《尹湾汉墓简牍》，中华书局，1997 年

黄展岳《考古纪原：万物的来历》，四川教育出版社，1998 年

潘吉星《中国科学技术史·造纸与印刷卷》，科学出版社，1998 年

武斌《中华文化海外传播史（第一卷）》，陕西人民出版社，1998 年

赵匡华、周嘉华《中国科学技术史·化学卷》，科学出版社，1998 年

《新中国考古五十年》，文物出版社，1999 年

唐锡仁、杨文衡《中国科学技术史·地学卷》，科学出版社，2000 年

吴熙敬《中国近现代技术史》下卷，科学出版社，2000 年

丘光明、邱隆、杨平《中国科学技术史·度量衡卷》，科学出版社，2001 年

《中国大百科全书 · 地理学》，中国大百科全书出版社，2002 年

赵承泽《中国科学技术史·纺织卷》，科学出版社，2003 年

宋原放《中国出版史料》，湖北教育出版社，2004 年

艾素珍、宋正海《中国科学技术史·年表卷》，科学出版社，2006 年

刘仁庆《造纸辞典》，中国轻工业出版社，2006 年

王菊华等《中国古代造纸工程技术史》，山西教育出版社，2006 年

【美】斯塔夫里阿诺斯（L. S. Stavrianos）著，吴象婴、梁赤民、董书慧、王昶译《全球通史：从史前史到 21 世纪》（第七版修订版），北京大学出版社，2007 年

万绳楠整理《陈寅恪魏晋南北朝史讲演录》，贵州人民出版社，2007 年

常州博物馆《常州博物馆 50 周年典藏丛书：漆木·金银器》，文物出版社，2008 年

国家文物局、中国科学技术协会《奇迹天工：中国古代发明创造文物展》，文物出版社，2008 年

翦伯赞《中外历史年表（校订本）》，中华书局，2008 年

甘肃省文物考古研究所《天水放马滩秦简》，中华书局，2009 年

潘吉星《中国造纸史》，上海人民出版社，2009 年

孙慰祖《中国印章——历史与艺术》，外文出版社，2010 年

浙江大学《中国蚕业史（上）》，上海人民出版社，2010 年

何兆武、柳卸林《中国印象：外国名人论中国文化》，中国人民大学出版社，2011 年

【美】威廉·乌克斯《茶叶全书（上）》，东方出版社，2011 年

钱存训著，国家图书馆编《钱存训文集》，国家图书馆出版社，2012 年

张政烺《张政烺文集·古史讲义》，中华书局，2012 年

【法】安田朴著，耿昇译《中国文化西传欧洲史》，商务印书馆，2013 年

陈心蓉《嘉兴刻书史》，黄山出版社，2013 年

杜伟生《中国古籍修复与装裱技术图解》，中华书局，2013 年

【日】富谷至著，刘恒武、孔李波译《文书行政的汉帝国》，江苏人民出版社，2013 年

郭静云《夏商周：从神话到史实》，上海古籍出版社，2013 年

【英】斯坦因著，向达译《西域考古记》，商务印书馆，2013 年

赵丰、尚刚、龙博《中国古代物质文化史 · 纺织（上）》，开明出版社，2014 年

长沙市文物考古研究所、清华大学出土文献研究与保护中心、中国文化遗产研究院《长沙五一广场东汉简牍选释》，中西书局，2015 年

【美】菲利普·希提著，马坚译《阿拉伯通史》，新世界出版社，2015 年

拱玉书等《世界文明起源研究：历史与现状》，昆仑出版社，2015 年

李泽厚《由巫及礼 释礼归仁》，生活·读书·新知三联书店，2015 年

【德】艾约博著，韩巍译《以竹为生：一个四川手工造纸村的 20 世纪社会史》，江苏人民出版社，2016 年

长沙市文物考古研究所《长沙尚德街东汉简牍》，岳麓书社，2016 年

潘美月《中国图书三千年》，中信出版社，2016 年

杨宽《战国史》，上海人民出版社，2016 年

中华大典工作委员会、中华大典编纂委员会《中华大典 · 工业典 · 造纸与印刷工业分典》，上海古籍出版社，2016 年

【法】勒内格鲁塞著，常任侠、袁音译《东方的文明》，商务出版社，2017 年

刘莉、陈星灿《中国考古学：旧石器时代晚期到早期青铜时代》，生活·读书·新知三联书店，2017 年

【苏联】B. A. 伊林特平著，左少兴译《文字的历史》，中国国际广播出版社，2018 年

李埏、林文勋《李埏文集》，云南大学出版社，2018 年

苏精《铸以代刻：十九世纪中文印刷变局》，中华书局，2018 年

徐雁、黄镇伟、张芳《中国古代物质文化史 · 书籍》，开明出版社，2018 年

【英】亚历山大·门罗著，史先涛译《纸影寻踪：旷世发明的神奇之旅》，生活·读书·新知三联书店，2018 年

于殿利《古代美索不达米亚文明》，北京师范大学出版社，2018 年

中国科学院经济研究所等编《中国资本主义工商业史料丛刊》，科学出版社，2018 年

周启迪、阴玺《古代埃及文明》，北京师范大学出版社，2018 年

周有光《世界文字发展史》（第 3 版），上海教育出版社，2018 年

【法】安娜 - 玛丽·克里斯坦主编，王东亮、龚兆华译《文字的历史：从表意文字到多媒体》，商务印书馆，2019 年

敦煌研究院编，樊锦诗主编《敦煌艺术大辞典》，上海辞书出版社，2019 年

上海博物馆《70 件文物里的中国》，华东师范大学出版社，2019 年

【法】吕西安 · 费弗尔，【法】亨利 - 让 · 马丁，和灿欣译《书籍

的历史》，中国友谊出版公司，2019 年

孙慰祖《孙慰祖玺印封泥与篆刻研究文选》，上海古籍出版社，2019 年

武义博物馆编，傅毅强主编《南宋徐谓礼文书》，浙江古籍出版社，2019 年

张小庄、陈期凡《明代笔记日记绘画史料汇编》，上海书画出版社，2019 年

【英】查尔斯·辛格等主编，远德玉、丁云龙主译《（牛津）技术史》第 V 卷，19 世纪下半叶，中国工人出版社，2020 年

【英】特雷弗·I. 威廉斯主编，姜振寰、张秀杰、司铁岩主译《（牛津）技术史》第 VI 卷，20 世纪上，中国工人出版社，2020 年

【英】基思·休斯敦著，伊玉岩、邵慧敏译《书的大历史：六千年的演化与变迁》，生活·读书·新知三联书店，2020 年

【英】奥雷尔·斯坦因著，姜波、秦立彦译《发现藏经洞》，广西师范大学出版社，2020 年

宿白《唐宋时期的雕版印刷》，生活·读书·新知三联书店，2020 年

【美】威廉·麦克尼尔著，田瑞雪译《5000 年文明启示录》，湖北教育出版社，2020 年

【日】小林宏光著，吕顺长、王婷译《中国版画：从唐代至清代》，上海书画出版社，2020 年

【美】约翰·高德特著，陈阳译《法老的宝藏：莎草纸与西方文明的兴起》，社会科学文献出版社，2020 年

赵平安《隶变研究（修订版）》，上海古籍出版社，2020 年

【英】翟理斯著，刘燕译《中国文脉》，华文出版社，2020 年

【英】安德鲁·鲁宾逊著，周佳译《众神降临之前：在沉默中重现的印度河文明》，中国社会科学出版社，2021 年

曹光华《做宣纸》，江苏凤凰美术出版社，2021 年

邓苏宁《中国古籍中的阿拉伯》，光明日报出版社，2021 年

李致忠《古书版本鉴定（重订本）》，北京联合出版公司，2021 年

肖三喜《中国古代物质文化史：书法 · 纸书》，开明出版社，2021 年

艾俊川《中国印刷史新论》，中华书局，2022 年

【澳】加里·布莱恩·麦基著，罗曼译《造纸业的生产与性能：英国和美国的劳动力、资本与技术（1860—1914）》，上海财经大学出版社，2022 年

蒋玄佁《中国绘画材料史》，上海书画出版社，2023 年

【德】罗塔尔·穆勒著，何潇伊、宋琼译《纸的文化史》，广东人民出版社，2022 年

万群《古籍修复知识辞典》，天津古籍出版社，2022 年

王学雷《古笔》，中华书局，2022 年

姚鹏《汉学家与儒莲奖》，生活·读书·新知三联书店，2022 年

【英】约翰·卡特著，尼古拉斯·巴克、西姆兰·撒达尼修订，余彬、恺蒂译《藏书 ABC》，译林出版社，2022 年

中国古代史名词审定委员会编《中国古代史名词》，商务印书馆，2022 年

甘肃省文物考古研究所、甘肃简牍博物馆、敦煌市博物馆《敦煌悬泉置遗址：1990—1992 年田野发掘报告》，文物出版社，2023 年

黄文弼《罗布淖尔考古记》，广西师范大学出版社，2023 年

【美】墨磊宁著，张朋亮译《中文打字机：一个世纪的汉字突围史》，广西师范大学出版社，2023 年

孙毓修《中国雕版源流考汇刊》，中华书局，2023 年

吴国盛《科学技术史手册》，清华大学出版社，2023 年

中国考古学会、中国文物报社《中国百年百大考古发现》，文物出版社，2023 年

陈刚、汤书昆《千年泗洲：中国手工纸的当代价值与前景展望》，中国科学技术大学出版社，2024 年

《考古公开课》栏目组编《百年考古大发现》，浙江文艺出版社，2024 年

王申、王喆伟《交子：世界金融史的中国贡献》，中信出版社，2024 年

王世民《中国考古学编年史》，中华书局，2024 年

中国美术学院汉字文化研究所、山东大学历史文化学院《权衡天下:邹城出土新莽度量衡》，上海书画出版社，2024 年

（二）外文

Richard Herring.Paper and Paper Making,Ancient and Modern. Cambridge University Press.1855.

Joel Munsell.Chronology of the Origin and Progress of Paper and Paper-making.Kessinger Publishing.1876.

Berthold Laufer.Paper and Printing in Ancient China.Caxton Club.1931.

Thomas Francis Carter. The Invention of Printing in China and its Spread Westward. Columbia University Press. 1931.

【日】小场恒吉、榧本龟次郎《乐浪王光墓：贞柏里·南井里二古坟发掘调查报告》，朝鲜古迹研究会，1935 年

【日】庄司浅水《世界印刷文化史年表》，ブックドム社，1936 年

Dard Hunter.Papermaking:The History and Technique of an Ancient Craft.Alfred A. Knopf,Inc.1947.

F. H. Norris.Paper and Paper Making.Oxford University Press.1952.

Dard Hunter.My life with Paper.Alfred A. Knopf,Inc.1958.

Richard L. Hills.Papermaking in Britain,1488-1988:A Short History. The Athlone Press.1988.

【日】前川新一《和纸文化史年表》，日本思文阁出版，1998 年

Jonathan M. Bloom.Paper Before Print:The History and Impact of Paper in the Islamic World. Yale University Press.2001.

Ian Shaw. Ancient Egypt:A Very Short Introduction.Oxford University Press.2004.

【英】威廉 · 赫伯特，约瑟夫 · 埃姆斯，托马斯 · 弗罗格纳尔 · 迪布丁著《古书珍赏：英伦印刷史》（英文），上海三联书店，2019 年

期刊类

（一）中文

湖南省文物管理委员会《长沙左家公山的战国木椁墓》，《文物参考资料》1954年第12期

湖南省文物管理委员会《长沙出土的三座大型木椁墓》,《考古学报》1957年第1期

党国栋《武威县磨嘴子古墓清理记要》，《文物参考资料》1958年第11期

浙江省文物管理委员会《吴兴钱山漾遗址第一、二次发掘报告》，《考古学报》1960年第2期

青海省文物管理委员会、中国科学院考古研究所青海队《青海都兰县诺木洪搭里他里哈遗址调查与试掘》，《考古学报》1963年第1期

凌纯声《树皮布印文陶与造纸印刷术发明》，“中央研究院”民族学研究所，1963年

潘吉星《敦煌石室写经纸的研究》，《文物》1966年第3期

竺可桢《中国近五千年来气候变迁的初步研究》，《考古学报》1972年第1期

陶正刚、王克林《侯马东周盟誓遗址》，《文物》1972年第4期

甘肃省博物馆《武威磨咀子三座汉墓发掘简报》，《文物》1972年第12期

湖南省博物馆《新发现的长沙战国楚墓帛画》，《文物》1973年第7期

新疆维吾尔自治区博物馆《吐鲁番县阿斯塔那—哈拉和卓古墓群发掘简报（1963—1965）》，《文物》1973年第10期

纪南城凤凰山一六八号汉墓发掘整理小组《湖北江陵凤凰山一六八号汉墓发掘简报》，《文物》1975年第9期

钟志成《江陵凤凰山一六八号汉墓出土一套文书工具》，《文物》1975年第9期

李也贞等《有关西周丝织和刺绣的重要发现》，《文物》1976年第4期

孝感地区第二期亦工亦农文物考古训练班《湖北云梦睡虎地十一号秦墓发掘简报》，《文物》1976 年第 6 期

湖北孝感地区第二期亦工亦农文物考古训练班《湖北云梦睡虎地十一座秦墓发掘简报》，《文物》1976 年第 9 期

临潼县文化馆《陕西临潼发现武王征商簋》，《文物》1977 年第 8 期

唐兰《西周时代最早的一件铜器利簋铭文解释》，《文物》1977 年第 8 期

浙江省文物管理委员会、浙江省博物馆《河姆渡遗址第一期发掘报告》，《考古学报》1978 年第 1 期

唐耕耦《唐代水车的使用与推广》，《文史哲》1978 年第 4 期

广西壮族自治区文物工作队《广西贵县罗泊湾一号墓发掘简报》，《文物》1978 年第 9 期

邵望平《远古文明的火花——陶尊上的文字》，《文物》1978 年第 9 期

郑州市博物馆《郑州大河村遗址发掘报告》，《考古学报》1979 年第 3 期

许鸣岐《瑞光寺塔古经纸的研究》，《文物》1979 年第 11 期

陈娟娟《两件有丝织品花纹印痕的商代文物》，《文物》1979 年第 12 期

福建博物馆、崇安县文化馆《福建崇安武夷山白岩崖洞墓清理简报》，《文物》1980 年第 6 期

临汝县文化馆《临汝阎村新石器时代遗址调查》，《中原文物》1981 年第 1 期

汪宁生《从原始记事到文字发明》，《考古学报》1981 年第 1 期

四川省博物馆、新都县文物管理所《四川新都战国木椁墓》，《文物》1981 年第 6 期

徐金星《洛阳白马寺》，《文物》1981 年第 6 期

西北师范学院植物研究所、甘肃省博物馆《甘肃东乡林家马家窑文化遗址出土的稷与大麻》，《考古》1984 年第 7 期

临沂市博物馆《山东临沂金雀山周氏墓群发掘简报》，《文物》1984 年第 11 期

刘青峰、金观涛《从造纸术的发明看古代重大技术发明的一般模式》，《大自然探索》1985 年第 1 期

连云港市博物馆《连云港市陶湾黄石崖西汉西郭宝墓》,《东南文化》1986 年第 2 期

陈晶等《江苏武进村前南宋墓清理纪要》，《考古》1986 年第 3 期

内蒙古文物考古研究所、阿拉善盟文物工作站《内蒙古黑城考古发掘纪要》，《文物》1987 年第 7 期

徐兴祥《云南木棉考》，《云南民族学院学报》1988 年第 3 期

河南省文物研究所《河南舞阳贾湖新石器时代遗址第二至六次发掘简报》，《文物》1989 年第 1 期

甘肃省文物考古研究所、天水市北道区文化馆《甘肃天水放马滩战国秦汉墓群的发掘》，《文物》1989 年第 2 期

田建《甘肃武威旱滩坡出土前凉文物》，《文博》1990 年第 3 期

合肥市文物管理处《合肥北宋马绍庭夫妻合葬墓》，《文物》1991 年第 3 期

刘一曼《试论殷墟甲骨书辞》，《考古》1991 年第 6 期

湖北省文物考古研究所《江陵凤凰山一六八号汉墓》,《考古学报》1993 年第 4 期

中国社会科学院考古研究所安阳队、徐广德《1991 年安阳后冈殷墓的发掘》，《考古》1993 年第 10 期

赵宇明、刘海波、刘章印《〈居延汉简甲乙编〉中医药史料》,《中华医史杂志》1994 年第 3 期

谭徐明《中国水力机械的起源、发展及其中西比较研究》，《自然科学史研究》1995 年第 1 期

连云港市博物馆《江苏东海县尹湾汉墓群发掘简报》，《文物》1996 年第 8 期

李晓岑《云南少数民族的造纸与印刷技术》，《中国科技史料》1997 年第 1 期

石雪万《连云港地区出土的汉代“文房四宝”》，《书法丛刊》1997 年第 4 期

南京市博物馆、江宁县文管会《江苏江宁县下坊村东晋墓的清理》，《考古》1998 年第 8 期

高汉玉、张松林《荥阳青台遗址出土丝麻织品观察与研究》，《中原文物》1999 年第 3 期

甘肃省文物考古研究所《甘肃敦煌汉代悬泉置遗址发掘简报》，《文物》2000 年第 5 期

湖南省文物考古研究所、湘西土家族苗族自治州文物处、龙山县文物管理所《湖南龙山里耶战国——秦代古城一号井发掘简报》，《文物》2003 年第 1 期

李银波《论德国人与 19 世纪的印刷技术革命》，《武汉大学学报（人文科学版）》2007 年第 4 期

李之檀《敦煌写经永兴郡佛印考》，《敦煌研究》2010 年第 3 期

新疆维吾尔自治区博物馆考古部、吐鲁番地区文物局阿斯塔那文物管理所《新疆吐鲁番阿斯塔那古墓群西区考古发掘报告》，《考古与文物》2016 年第 5 期

汤开建《明清之际耶稣会士传入澳门欧洲书籍考述》，《南国学术》2017 年第 4 期

荣新江《纸对丝路文明交往的意义》，《中国史研究》2019 年第 1 期

符奎《长沙东汉简牍所见“纸”“帋”的记载及相关问题》，《中国史研究》2019 年第 2 期

王珊、李晓岑、陶建英、郭勇《辽代庆州白塔佛经用纸与印刷的初步研究》，《文物》2019 年第 2 期

何亦凡《“简纸过渡”时代的衣物疏——从新刊布的吐鲁番出土最早的衣物疏谈起》，《西域研究》2023 年第 3 期

郭伟涛、马晓稳《中国古代造纸术起源新探》，《历史研究》2023 年第 4 期

中国社会科学院考古研究所、陕西省考古研究院《陕西宝鸡陈仓区西高泉春秋早期墓葬发掘简报》，《文博》2023 年第 4 期

拱玉书《楔形文字文明的特点》，《世界历史》2023 年第 5 期

员雅丽《金花纸发展脉络及其在中亚的传播研究》，《首都师范大学学报（社会科学版）》2024 年第 2 期

（二）外文

Robert Curzon. “History of Printing in China and Europe.” Miscellanies of the Philobiblon Society. Vol. VI(1860-1861).

Vivi Sylvan. “Silk from The Yin Dynasty.” The Museum of Far Eastern Antiquities(1937).

【日】桑原骘藏《晋室南渡与南方开发》，四川大学前进社编《前进》第六期，1937 年

Theophile J. Meek. “ A New Interpretation of Code of Hammurabi.” Journal of Near Easten Studies. Vol. 3 (1948).

古籍类

李肇《翰林志》，《百川学海》本

刘侗、于奕正《帝京景物略》，明崇祯刻本

项元汴《蕉窗九录》，《学海类编》本

叶舟、陈弘绪《南昌郡乘》，清康熙二年刻本

陈均《九朝编年备要》，钦定四库全书本

陈文耀《天中记》，钦定四库全书本

陈元龙《格致镜原》，钦定四库全书本

白居易《白氏长庆集》，钦定四库全书本

蔡邕《独断》，钦定四库全书本

戴侗《六书故》，钦定四库全书本

方以智《物理小识》，钦定四库全书本

高承《事物纪原》，钦定四库全书本

高其倬、谢旻《江西通志》，钦定四库全书本

黄公绍编，熊忠举要《古今韵会举要》，钦定四库全书本

嵇含《南方草木状》，钦定四库全书本

嵇曾筠《浙江通志》，钦定四库全书本

贾思勰《齐民要术》，钦定四库全书本

江少虞《事实类苑》，钦定四库全书本

金简《钦定武英殿聚珍版程式》，钦定四库全书本

李孝美《墨谱法式》，钦定四库全书本

李之仪《姑溪居士前集》，钦定四库全书本

廖刚《高峰文集》，钦定四库全书本

陆玑《毛诗草木鸟兽虫鱼疏》，钦定四库全书本

慕容彦逢《摛文堂集》，钦定四库全书本

乾隆《御批历代通鉴辑览》，钦定四库全书本

潜说友《咸淳临安志》，钦定四库全书本

沈季友《檇李诗系》，钦定四库全书本

陶宗仪《说郛》，钦定四库全书本

王应麟《玉海》，钦定四库全书本

王祯《农书》，钦定四库全书本

韦续《墨薮》，钦定四库全书本

吴之鲸《武林梵志》，钦定四库全书本

徐陵《徐孝穆集笺注》，钦定四库全书本

徐溥《明会典》，钦定四库全书本

杨慎《谭菀醍醐》，钦定四库全书本

于敏中《钦定天禄琳琅书目》，钦定四库全书本

虞世南《北堂书钞》，钦定四库全书本

袁文《瓮牖闲评》，钦定四库全书本

乐史《太平寰宇记》，钦定四库全书本

张九龄《唐六典》，钦定四库全书本

赵希鹄《洞天清录》，钦定四库全书本

郑虎臣《吴都文粹》，钦定四库全书本

周伯琦《说文字原》，钦定四库全书本

朱熹《晦庵集》，钦定四库全书本

《嘉泰会稽志》，嘉庆戊辰采鞠轩重刻本

费著《岁华纪丽谱》，《墨海金壶》本

苏轼撰，王十朋注《增刊校正王状元集注分类东坡先生诗》，四部丛刊初编本

吕温《吕和叔文集》，四部丛刊初编本

韩婴《韩诗外传集释》，中华书局，1930 年

米芾《宝晋英光集》，商务印书馆，1939 年

司马光《资治通鉴》，中华书局，1956 年

严可均《全上古三代秦汉三国六朝文》，中华书局，1958 年

李昉《太平御览》，中华书局，1960 年

王溥《唐会要》，中华书局，1960 年

班固著，颜师古注《汉书》，中华书局，1962 年

范晔撰，李贤等注《后汉书》，中华书局，1965 年

欧阳询《艺文类聚》，中华书局上海编辑所，1965 年

李昉《文苑英华》，中华书局，1966 年

魏徵《隋书》，中华书局，1973 年

姚思廉《梁书》，中华书局，1973 年

房玄龄《晋书》，中华书局，1974 年

沈约《宋书》，中华书局，1974 年

脱脱等《辽史》，中华书局，1974 年

魏收《魏书》，中华书局，1974 年

张廷玉等《明史》，中华书局，1974 年

刘昫《旧唐书》，中华书局，1975 年

欧阳修《新唐书》，中华书局，1975 年

脱脱等《金史》，中华书局，1975 年

宋濂等《元史》，中华书局，1976 年

薛居正等《旧五代史》，中华书局，1976 年

庾信撰，倪璠注《庾子山集注》，中华书局，1980 年

陈寿撰，裴松之注，陈乃乾点校《三国志》，中华书局，1982 年

司马迁《史记》，中华书局，1982 年

李吉甫《元和郡县图志》，中华书局，1983 年

刘恂撰，鲁迅校勘《岭表录异》，广东人民出版社，1983 年

段公路《北户录》，中华书局，1985 年

冯贽《云仙杂记》，中华书局，1985 年

脱脱等《宋史》，中华书局，1985 年

顾逢《负暄杂录》，《说郛》（涵芬楼本）卷一八，中国书店，1986 年

孔凡礼点校《苏轼文集》，中华书局，1986 年

刘向《说苑校证》，中华书局，1987 年

皮锡瑞《今文尚书考证》，中华书局，1989 年

孙希旦《礼记集解》，中华书局，1989 年

苏天爵《元朝名臣事略》，中华书局，1996 年

苏东坡著，毛德富等主编《苏东坡全集》，北京燕山出版社，1998 年

王溥《五代会要》，中华书局，1998 年

周绍良《全唐文新编》，吉林文史出版社，2000 年

许仲毅《海外新发现永乐大典十七卷》，上海辞书出版社，2003 年

李焘《续资治通鉴长编》，中华书局，2004 年

何清谷校注《三辅黄图校注》，三秦出版社，2006 年

王钦若《册府元龟》，凤凰出版社，2006 年

曾枣庄、刘琳《全宋文》，上海辞书出版社，安徽教育出版社，2006 年

何晏《论语集解校释》，辽海出版社，2007 年

王士祯《香祖笔记》，齐鲁书社，2007 年

顾廷龙、戴逸《李鸿章全集》，安徽教育出版社，2008 年

刘珍等撰，吴树平校注《东观汉记校注》，中华书局，2008 年

阮元校刻《周礼注疏》，《十三经注疏》清嘉庆刻本，中华书局，

2009 年

胡正言《十竹斋书画谱》，吉林出版集团有限责任公司，2010 年

罗愿《新安志》，《四库提要著录丛书（史部 35）》，北京出版社，2010 年

叶德辉《书林清话》，岳麓书社，2010 年

苏易简《文房四谱》，中华书局，2011 年

颜之推《颜氏家训》，中华书局，2011 年

董仲舒撰，张世亮等译注《春秋繁露》，中华书局，2012 年

苏鹗《苏氏演义》，中华书局，2012 年

袁康、吴平《越绝书》，浙江古籍出版社，2013 年

马积高、万光治《历代词赋总汇》，湖南文艺出版社，2014 年

司农司编，石声汉校注《农桑辑要校注》，中华书局，2014 年

陶宗仪《南村辍耕录》，浙江古籍出版社，2014 年

方勇译注《墨子》，中华书局，2015 年

方勇译注《庄子》，中华书局，2015 年

方勇、李波译注《荀子》，中华书局，2015 年

高华平等译注《韩非子》，中华书局，2015 年

高濂《遵生八笺》，浙江古籍出版社，2015 年

陆羽《茶经》，中州古籍出版社，2015 年

周密《癸辛杂识》，浙江古籍出版社，2015 年

李鼎祚《周易集解》，中华书局，2016 年

刘沅《书经恒解》，《十三经恒解》笺解本，巴蜀书社，2016 年

屠隆《考槃余事》，凤凰出版社，2017 年

曾公亮等撰，郑诚整理《武经总要·前集》，湖南科学技术出版社，2017 年

《杭州全书：杭州文献集成》，杭州古籍出版社，2017 年

蔡沈《书集传》，中华书局，2018 年

郭丹等译注《左传》，中华书局，2018 年

金启华校注《诗经全译》，凤凰出版社，2018 年

刘攽《彭城集》，齐鲁书社，2018 年

王宗沐《江西省大志》，中华书局，2018 年

高永旺译注《大慈恩寺三藏法师传》，中华书局，2018 年

脱脱等撰，陈述补注《辽史补注》，中华书局，2018 年

陈师道《后山谈丛》，大象出版社，2019 年

陈槱《负暄野录》，大象出版社，2019 年

程大昌《演繁露》，大象出版社，2019 年

范成大《吴船录》，大象出版社，2019 年

郭璞注，王贻樑、陈建敏校释《穆天子传汇校集释》，中华书局，2019 年

何薳《春渚纪闻》，大象出版社，2019 年

李山、轩新丽译注《管子》，中华书局，2019 年

李石《续博物志》，大象出版社，2019 年

米芾《书史》，大象出版社，2019 年

邵博《邵氏闻见后录》，大象出版社，2019 年

邵伯温《闻见录》，大象出版社，2019 年

沈括《梦溪笔谈》，大象出版社，2019 年

苏轼《东坡志林》，大象出版社，2019 年

陶谷《清异录》，大象出版社，2019 年

王观国《学林》，大象出版社，2019 年

王谠《唐语林》，大象出版社，2019 年

王兴芬译注《拾遗记》，中华书局，2019 年

徐兢《宣和奉使高丽图经》，大象出版社，2019 年

姚宽《西溪丛语》大象出版社，2019 年

叶梦得《石林燕语》，大象出版社，2019 年

曾学文、徐大军《清人著述丛刊》第 1 辑第 8 册，《徐乾学集》（五），广陵书社，2019 年

赵升《朝野类要》，大象出版社，2019 年

赵与时《宾退录》，大象出版社，2019 年

周必大《玉堂杂记》，大象出版社，2019 年

周辉《清波别志》，大象出版社，2019 年

张世南《游宦纪闻》，大象出版社，2019 年

张彦远《历代名画记》，浙江人民美术出版社，2019 年

张彦远撰，武良成、周旭点校《法书要录》，浙江人民美术出版社，2019 年

郭璞注《尔雅》，中华书局，2020 年

乾隆御定，乔继堂点校《唐宋文醇》，上海科学技术文献出版社，2020 年

许慎撰，陶生魁点校《说文解字点校本》，中华书局，2020 年

黄庭坚著，刘琳等点校《黄庭坚全集》，中华书局，2021 年

贾思勰撰，缪启愉、缪桂龙译注《齐民要术译注》，上海古籍出版社，2021 年

李肇《唐国史补校注》，中华书局，2021 年

宋应星撰，杨维增译注《天工开物》，中华书局，2021 年

周用金《书法术语》，湖南美术出版社，2022 年

互联网类

联合国教科文组织网站 https://www.unesco.org/

中国非物质文化遗产网 https://www.ihchina.cn/

“富春山居文化丛书”编委会

《糸巾为殊：纸的年表》编辑部

图书在版编目（CIP）数据

糸巾为殊：纸的年表 / 邱云编著. -- 上海：上海书画出版社, 2024. 10. -- ISBN 978-7-5479-3451-7

Ⅰ. TS7-092

中国国家版本馆CIP数据核字第2024NJ4471号

富春山居文化丛书

糸巾为殊：纸的年表

邱　云　编著

责任编辑　张　姣
编　　辑　魏书宽　许中行
审　　读　陈家红
封面设计　刘　蕾
技术编辑　包赛明

出版发行　上海世纪出版集团
上海书画出版社
地　　址　上海市闵行区号景路159弄A座4楼
邮政编码　201101
网　　址　www.shshuhua.com
E-mail　shuhua@shshuhua.com
制　　版　杭州立飞图文制作有限公司
印　　刷　浙江新华印刷技术有限公司
经　　销　各地新华书店
开　　本　787mm × 1092mm　1/16
印　　张　17.75
版　　次　2024年10月第1版　2024年10月第1次印刷

书　　号　ISBN 978-7-5479-3451-7
定　　价　58.00元
若有印刷、装订品质问题，请与承印厂联系